即使憂鬱，
也能創業活下去！

うつでも起業で生きていく

林直人
|著|

連雪雅
|譯|

青丘文化
Green Hills Publishing House

青丘家 GN002

即使憂鬱，也能創業活下去！

うつでも起業で生きていく

作　　者　林直人（HAYASHI NAOTO）
譯　　者　連雪雅
編　　輯　鄭淑慧
封面設計　周家瑤
美術設計　洪素貞

出　　版　青丘文化有限公司
地　　址　114048 台北市內湖區東湖路113巷49弄29號3樓
電　　話　02-26306272
郵　　件　greenhills.cheng@gmail.com
印　　刷　呈靖彩藝股份有限公司
初版首刷　2022年5月

總 經 銷　大和書報圖書股份有限公司
電　　話　02-89902588

國家圖書館出版品預行編目資料

即使憂鬱，也能創業活下去！/ 林直人著；連雪雅譯.
-- 初版 . -- 臺北市：青丘文化有限公司，2022.05
240 面；14.8*21 公分
譯自：うつでも起業で生きていく
ISBN 978-986-06900-2-6(平裝)

1. 憂鬱症 2. 創業 3. 職場成功法

494.1　　111005610

好好活下去，你是有價值的人！

憂鬱症發作時，總覺得自己被全世界孤立……

才沒有這回事！

或許一百人之中有九十九個人會忽視你，

但總會有一個人正看著你。

即使你現在幫不上那個人任何忙，

只要好好活下去，將來也許能助他一臂之力。

別拘泥於眼前的困境，

放眼未來，好好思考你的生存價值。

你是有價值的人，而且是寶貴的價值。

所以，即使現在什麼都辦不到，也不必過於悲觀。

—推薦序—

即使不完美，也有方法活下去！

劉揚銘（自由作家）

即使在閱讀本書的過程中偶爾會感到一絲寒意，但我仍不得不喜歡這位作者，因為他誠實地面對自己，並勇敢向眾人宣告：即使不完美，也有方法活下去！

因為憂鬱症，作者林直人無法像一般人那樣上班求職，也無法像提倡成功學的人士那般，訴求比他人更努力、更聰明地工作。他說：「如果必須早睡早起才能賺到三億日圓，我寧可不要，我只想晚睡晚起賺到三億。」畢竟憂鬱的人狀況差時甚至無法動彈，只有狀況好時能工作，哪個老闆會雇用這樣的員工？自己還有機會在職場成功嗎？作者的結論是「有」，但方法不能用錯。

本書開頭，他先從自身的慘痛教訓說起：憂鬱的人不要盡信心理勵志、成功學書籍，照單全收那些內容只會讓你更絕望。《富爸爸，窮爸爸》對自己沒用、《思考致富》也是、《與成功有約》中的「七個習慣」只有一半有用——這是作者用血汗換來的教訓。此外，他也曾效仿日本首富孫正義的創業精神開公司，等到慘遭失敗才發現：自己根本不能、也不應該學那些身心健全的成功者。

成功者充滿熱情、積極向上、能把奮鬥當樂趣，在大家休息時，他還在努力用功超越你；但憂鬱的人容易累、有時根本身不由己，所以應該找到一個「狀況不佳時就休息，狀況許可的時候，只要仔細做好每一項工作就能養活自己」的方法。

作者提到憂鬱症發作時，甚至會想了結自己的性命，難怪他會說：「比起賺大錢，更重要的是活下去。」反過來想，我和他也不是沒有相似之處，我的體力不好、毅力也不強、需要足夠的休息，否則健康就會出現警訊，而且依然無法早起，即使如此，我也不想抱持投降的躺平主義，這樣的我又該如何努力呢？

《即使憂鬱，也能創業活下去！》告訴我們：盡量保持一顆單純正直的心，別耗費太多生存成本，以免容易陷入焦慮；一開始不要追求巨大的成功，而是先考慮怎麼做才不會失敗。作者先以每個月營利十萬日圓（約新台幣兩萬五千元左右，相當於目前的最低工資）為目標，先做手邊立即能做到的事，之後再慢慢提升至每月營利三十萬日圓、最後是百萬日圓。

這樣的夢想也許不大，但他做到了屬於自己的成功。在網路時代藉著YouTube、Google、Amazon平台開創自己的事業，身體狀況許可的時候，趁機打造二十四小時的自動化機制來處理工作；認識自身的優缺點，並慎選創業領域（作者思考後選擇的是冷門的線上補習班，與一般人反向操作的「以最大努力，創造最小成果」思維，相當有趣），先在業界打出名氣，再以遠比競爭對手出色的優秀商品及服務獲得顧客的信賴。

此外，書中也提到憂鬱者的「幹勁管理」，以及如何妥善管理同為憂鬱症患者的員工，發揮他們特有的優勢，這部分也讓沒有憂鬱症的我深深自省，是否曾如此認真地面對自己？

雖然作者在書中數次流露出對自己或他人的敵意有時令我心驚，但如此坦承不隱瞞的態度反而提升了本書的可信度，令我佩服。也許作者的方法不一定適用於每個人，但他的這份誠實與誠意，以及認識自我、找到適合自己方法的探索過程，都值得我們學習。

目錄

第1章

憂鬱症的人別看「勵志書」 023

第4章

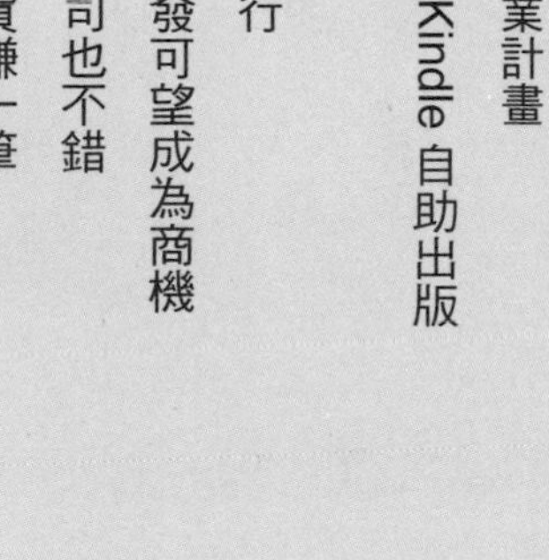

第5章 創業時哪些錢「不能付」？

第6章

憂鬱症的「幹勁」管理

第10章

包容「多樣性」的社會，才是景氣復甦的關鍵

特別對談

—前言—

憂鬱症的我只有創業這條路可走

我是不折不扣的憂鬱症。

自高中時期負責校慶的籌備工作，再加上繁重的課業壓力搞壞身體，之後十五年來能安穩入睡的日子真的屈指可數。至今仍深受嚴重的失眠所擾，臉上明顯的黑眼圈不曾消失過。

因為這副病容，上大學之後，不僅打工不被錄取，到熟人的公司幫忙，也完全派不上用場，最後落得被趕走的狼狽下場。

拯救我擺脫困境的正是「創業」這條路。

我從自身不去上學的經驗體認到，即使待在家還是得透過網路學習，於是創立了每天十分鐘，協助學生管理讀書進度的線上家教補習班「每日學習會」。這是我考上大學後，身體不適的期間在推特（Twitter）上接受網友的應試諮詢而開始的線上補習班，如今已成長至每年指導超過百名學生的規模。

「創業」為我帶來了大好機會。當然，一百人之中或許有九十九個人不會看我創作的書、影片和網站，但總有一個人會想學習我的大學考試必勝祕訣。像這樣積少成多的累積，讓我每年有幸指導超過百名考生。每一位學員的存在，使我成為社會上的必要人才。

經營補習班的過程中，我接觸到許多憂鬱症患者，以及罹患其他心理疾患的人。但市面上以「憂鬱症」或「其他心理疾患」患者為主要讀者的「勵志書」卻不多，因此大部分的人只能照單全收「針對心理健全者所寫的勵志書」的內容，結果讀完後反而搞得自己更加心累。

察覺到這件事，我下定決心寫《即使憂鬱，也能創業活下去！》這本書。

其實，我也是好不容易才找到以小規模業主的身分活下去的出路，揭露自己的創業手法並非明智之舉。然而，我很明白罹患憂鬱症或其他心理疾病時，那種彷彿被全世界孤立的感覺。正因如此，我決定寫下這本書。我不會利用這本書來推銷研習會或集訓等活動。畢竟我本就不擅於社交，無論從前或今後都不打算靠昂貴的心靈成長研習會大賺一筆。所以，請各位放心閱讀本書。寫這本書時，我盡力在每一章都歸納了對各位有所助益的事，就算你因為身體不適無法讀到最後，也請試著在狀況好一點時稍微翻閱此書。

憂鬱症發作的時候，總覺得自己被全世界孤立。才沒有這回事！或許一百人之中有九十九個人會忽視你，但總會有那麼一個人正看著你。即使你現在幫不上那個人任何忙，只要好好活下去，說不定將來就能助對方一臂之力。別拘泥於眼前的困境，放眼未來，好好思考你的生存價值吧。你是有價值的人，而且是寶貴的價值。請相信你的未來。既然未來的你很有價值，那現在的你也是。所以，即使現在什麼事都辦不到，也不必過於悲觀。

我寫這本書就是想告訴各位這件事。得了憂鬱症，怎麼做才能活下去呢？讓我們透過本書一起思考這件事吧。

第 1 章

憂鬱症的人
別看「勵志書」

憂鬱症的我讀了一百本「勵志書」、「商管書」後……

憂鬱症的人基本上生性認真。此時此刻正在閱讀本書的你，過去為了解決憂鬱症的問題，想必也看過不少書。「憂鬱症都是因為缺乏幹勁」，聽到別人這麼說，為了提升幹勁，或許你也曾找了「勵志書」來讀。過去的我也是如此。

同樣生性認真的我為了挽救自己沉淪的人生，讀了不少「勵志書」和「商管書」。光是Kindle裡的電子書，粗估就超過一百本。

我努力地學習「思考致富」，試著養成「七個習慣」，拿出「被討厭的勇氣」，接受「富爸爸」的感化，練習「為夢想填入日期」。

有一段時期，我曾沉迷於號稱「把『我很幸運』當口頭禪，真的能給自己招來好運」的書，也曾想過要活得像藝術家岡本太郎[1]一樣前衛，甚至夢想成為第二個日本首富孫正義。拚死拚活跌跌撞撞之後，我才發現那些書中的成功法則根本不適合自己。

照單全收那些內容，光是實行就會累死自己。太累不是好事。「太過用力」是憂鬱症的頭號大敵。可以的話，盡量別讓自己太累。因為我們的體力和氣力本就比一般人來得少，「疲累」是絕對要避免的事。**絞盡「微弱且起伏不定的氣力和體力」，運用現代的頂尖科技，讓旁人誤以為你擁有「充沛且穩定的氣力與體力」，在眾人美好的誤會中活下去，才是憂鬱症患者的處世之道。**所以啊，千萬別讓自己太過勞累喔。

憂鬱症的我熬夜參加「晨讀會」之後……

得了憂鬱症，狀況很糟的時候，就連看書都沒辦法，此時我只好放下「勵志

1 日本享譽國際的前衛抽象派藝術家，最有名的口號是「藝術就是爆炸」，大阪萬博紀念公園中的地標建築物「太陽之塔」就是其作品。著有《孤獨使你更堅強》、《擁抱內在的孤獨》等書。

書」，試著參加「自我成長研習會」來改變人生。其實，此時應該趁早就醫好好休養才對，偏偏我不想承認自己有憂鬱症，不願面對自身心理疾病的消極心態，導致我一再延誤就醫的時機。

說到「自我成長研習會」，最具代表性的就是「晨讀會」這類廣受好評的研習會。近來，人氣YouTuber都在推薦這類研習會。理由不外乎是「早起讓人心情好」、「早起會改變人生」、「早上四點起床，讓你賺進三億圓」（編註：本書中金額均為日圓，三億圓約合新台幣七千三百三十八萬元）之類。

那麼，讓我們一起來思考一下，這些說法究竟是真是假。

首先，關於「早起讓人心情好」這件事。我的補習班剛好有學生家長參加這類研習會，所以我也跟著沾光參加過晨讀會。接下來就跟大家分享，無法早起的我當初是如何參加的。因為對方是付了昂貴學費的家長，約好了豈能反悔，所以我緊張到前一晚失眠。無法早起的我最後只好硬撐著不睡直接去晨讀會。搞成這樣，根本不是早起而是熬夜，心情一點也不好。而且，說到「改變人生」，我自高中時期就養成徹夜不眠的習慣，但人生並未因此有任何改變啊。至於「早上四點起床，讓你賺進三億圓」，對我來說，比起賺進三億圓，更重要的是活下去。打工面試被刷掉，好不容易找到工作還被趕出公司，在這種狀態下，活下去才是首要之務。最近事業慢慢步上軌道後，我才稍微對三億這樣的金額有點感覺，但當初創業時，哪管得了什麼三億，只能拚命努力讓自己先能活下去。所以，賺到三億圓這句話完全吸引不了我。我只想晚睡晚起賺到三億。如果必須早睡早起才能賺到，我寧可不要那三億。

像這樣用自己的腦袋好好思考，就會明白憂鬱症患者其實不必參加什麼「晨讀會」。偏偏許多生性認真的憂鬱症患者，或是潛在憂鬱症族群都會參加這類「晨讀會」。早起真的讓你覺得心情好嗎？早起真的改變你的人生了嗎？所謂的早起，該不會只是你一直以來熬夜到天亮的習慣？你真的因此賺到三億圓了嗎？請冷靜思考這些事吧。

照單全收「勵志書」的內容，反而想輕生？

憂鬱症的人如果體驗過「勵志書」、「商管書」和「晨讀會」這套大三元組合，往往都會萌生死意。我就曾因此想過一死百了。這三者是加深憂鬱症患者輕生念頭的絕命組合。我想，應該有不少進入恢復期的憂鬱症患者，在體驗過「勵志書」、「商管書」和「晨讀會」之後，反而絕望得自我了結。已經過世的人，自然無法對他們進行調查，雖然不清楚實際情況如何，我認為應該有不少憂鬱症患者是因此輕生。接下來向各位說明我之所以這麼想的理由。

憂鬱症分為無法起身好好吃頓飯、睡覺或聽音樂、看書的重度低潮期，以及像現在的我一樣，能夠寫書或工作，狀態比較好的正常期。即使不是躁鬱症[2]，多數憂鬱症患者都會經歷這樣的反覆循環。

安東尼奧．豬木[3]說過「只要有精神，什麼事都做得到」，我在恢復期時的確深刻體會到這句話的含意。但重度低潮期的時候，就算想死也動不了，只能一直躺著，好不容易恢復精神之後，反而會萌生自殺的念頭。

憂鬱症患者多半都想自殺，問他們為何想自殺卻又答不出來，若要我說出一個理由，我想應該和「勵志書」、「商管書」、「晨讀會」脫不了關係。讀了那些書或參加讀書會，看到帥氣自信的前輩們，會忍不住自慚形穢，變得很討厭自己（身為過來人我敢說，沉迷於「勵志書」、「商管書」、「晨讀會」的人看似很厲害，其實並非如此。所以，你根本不必覺得自己不如別人）。

總歸一句，憂鬱症的人最好少碰「勵志書」、「商管書」和「晨讀會」。以我的經驗來說，那些全都百害而無一利。

2 躁鬱症是以情緒障礙為主的心理疾患，情緒高昂時稱為「躁期」，呈現情緒高昂或易怒的狀態，「鬱期」是指情緒極度低落、對所有活動都失去興趣、憂鬱不樂的狀態。因為患者的情緒在「躁」與「鬱」的兩個極端擺盪，又稱「雙向情緒障礙症」。

3 本名豬木寛至，退休的日本職業摔角選手，曾任日本參議院議員。

你的人生觀與參加「晨讀會」的人截然不同

不過，接下來我想和各位分享我從「勵志書」、「商管書」和「晨讀會」這套大三元組合學到的一個教訓。

沉迷於那些書或研習會的經營者，基本上沒有明顯優於其他同業的要素，從事的大多是靠人力解決問題的事業。像保險公司、居酒屋或電話行銷代辦業者就是最具代表性的例子。所以，出入那些研習會，有可能會被強推買保險。明明一心求死還被推銷買保險，真是令人無言。

保險公司、居酒屋或電話行銷代辦這些人人都能做的生意，盈利通常很低。因為競爭對手很多，想勝出就必須嚴格做好自我管理，一手包辦所有大小事。

試問，你能夠一手包辦大小事務嗎？你能嚴格做好自我管理嗎？要是做不到，勸你最好別模仿「勵志書」、「商管書」和「晨讀會」那些經營者的做法。

因為他們的人生觀與你的截然不同，你們要過的人生也不一樣。

憂鬱症的人讀了《思考致富》會出大事？

關於「勵志書」、「商管書」、「晨讀會」為何會徒增憂鬱症患者的心累，前文已經做了簡單的說明。接下來我要和各位聊一聊「勵志書」、「商管書」這類書籍為何無法消除憂鬱症患者的心累，以及該怎麼做才能真正消除心累。

首先是勵志成功學的經典之作，美國暢銷作家同時也是「成功學之父」拿破崙・希爾（Napoleon Hill）的《思考致富》（*Think and Grow Rich*，日本KIKO書房出版）。

老實說，《思考致富》的內容對憂鬱症患者來說，只會更加重他們的心累。

該書第一章提到「每一個想法都潛藏著被實現的衝動」，我光是看到這裡就覺得自己沒救了。因為憂鬱症的人一旦真的心想事成，就只有死路一條。

第二章是「願望是一切成就的起點」。完蛋了！憂鬱症患者的願望就是自殺啊！第三章「信念是實現願望的原動力」，憂鬱症的人滿腦子就只有一死百了，還談什麼實現願望的原動力。假如要實現願望，那就是自殺了。

第四章「活用深層的自我暗示」。可是，如果真的說服了內心深處的自己，結論就是自我了結。第五章「活用個人的經驗與觀察力」，這一點倒是值得思考，但憂鬱症的人本就提不起勁，又該如何活用個人經驗？至於觀察力，我們就是因為對現況的認知有所扭曲才會得憂鬱症，實在很難做到書上的建議。

第六章「活用腦中浮現的想法」。慘了！腦中浮現的想法，除了自殺別無其他！第七章「擬定條理分明的行動計畫」。就算擬好有條有理的行動計畫，如果身體不舒服，一切都是白搭。

第八章「下定決心」，憂鬱症的人若能果斷做決定，就是馬上自殺。第九章「培養耐性」，說真的我都已經忍到厭世了，要我再忍下去，真的不如去死。

第十章「借助智囊團的力量」。智囊團是指「兩個以上的人為了達成明確的共同目標，本著和諧共事的精神，整合知識與努力的合作關係」。不過在創業這件事上，別人的意見就如同垃圾。太在意別人的意見，反而會減弱你與眾不同的特色，倒不如不聽。況且自營業本就賺不了大錢，在每個月有百萬獲利之前，凡事都得靠自己。第十一章「激發動力的魔法創意」，憂鬱症的人就是提不起勁啊，動力什麼的根本就是白講。

第十二章「開發潛意識裡的神奇國度」，我們滿腦子只有「想死」，哪有什麼神奇國度。後面第十三章「大腦是宇宙寄託的小天地」、第十四章「第六感是開啟智慧殿堂的鑰匙」也是同理。

說到第十五章「將強烈的本能轉換為創造力」，憂鬱症患者的強烈本能就是輕生的念頭，根本無法創造出什麼。至於後面第十六章「失敗也是有意義的」、第十七章「透過悲傷抵達靈魂的深處」、第十八章「名為恐懼的七大惡魔」，這些我已經不想再多說了，何苦讓自己的人生顯得更加悲哀呢？

「七個習慣」對憂鬱症的人來說太多了

再來是管理學大師史蒂芬・柯維（Stephen R. Covey）的《與成功有約：高效能人士的七個習慣》（*The 7 Habits of Highly Effective People*，繁體中文版由天下文化出版）。

七個習慣實在太多了。**因為憂鬱症而腦力不足的人根本記不住。**更嚇人的是，這本書還有續集《第8個習慣：從成功到卓越》（*The 8th Habit: From Effectiveness to Greatness*，繁體中文版由天下文化出版），居然又增加了，真的好煩，是吧？

那麼，讓我們來看看到底有哪些習慣。

第一部的主題是「重新探索自我」，首先要「由內而外造就自己」。所謂的「由內而外」，意思是「先改變自己，再改變他人」。

一直以來，我從未期待別人為我而改變，所以讀到這本書時，我真的很驚喜。也是啦，大家常說得了憂鬱症「人生就完了」，我也曾被人這樣說過，但後來考上大學，事業漸有起色之後，就不太聽到這些話了。那些愛說三道四的人本就缺乏同理心，他們的話當作沒聽到就是了，這才是真正地「由內而外造就自己」。

不過，做任何事都要養成習慣。在思考如何激發自己的動力之前，先養成習慣確實有一番道理。只是，憂鬱症的人就是提不起勁，根本很難養成習慣，真是令人傷腦筋。所以，我只好退而求其次，趁有精神的時候一鼓作氣把工作處理完，然後就是每天上傳影片，靠著自動化系統來運轉事業，裝作自己每天都有做事，這一點非常重要。總之，讓別人覺得你每天都有在工作，這樣就ＯＫ了。這才是憂鬱症患者的處世之道。

第一個習慣是「主動積極」。嗯，對憂鬱症的人來說，這是不可或缺的事。老是在意他人的想法，症狀真的會惡化，所以不管怎樣都要自己做決定。第二個習慣是「以終為始」，這就不太妙了。對憂鬱症的人來說，終點就只有自殺。不過，無論自殺或他殺，只要能夠成為死後被惋惜不捨的人，也算是在拚命掙扎的人生中留下完美的結尾。

第三個習慣是「要事第一」，這一點也很重要。腦子裡塞滿太多要做的事，憂鬱症的人可是會當機的！所以，一次只做一件事，只要做完這件事就會賺錢。像這樣逐一完成該做的事，等賺了錢再來想之後的事。

書中還提到了「相互依賴的思維」。這個嘛……有心病的人彼此依賴，最後就是討論怎麼自殺而已，我個人就曾有過那樣的經驗。這麼做實在沒什麼建設性，有心病的人最好別依賴彼此。「相互依賴的話，要找心理健康的對象」，這是「相互依賴的思維」的基本原則。

接著是第四個習慣「雙贏（win-win）思維」。這一點與本書後半我將提到的「以『最大努力』創造『最小成果』」相通。做生意本就該為顧客提供超值服務，這是憂鬱症患者的創業中非常重要的事。因為憂鬱症患者本就容易沮喪，假如與客人發生糾紛消耗心力，就會更加一蹶不振。

第五個習慣「知彼解己」也很重要。我因為憂鬱症無法順利找到打工，求職也不順利，所以才下定決心自己創業。所以我能夠理解這一點。理由在於客人可沒那麼好心，不會因為你有困難就花錢買你的東西，這樣佛心的客人幾乎不存在。推出和競爭對手相同的商品，你就輸定了，畢竟客人沒必要向沒沒無聞的你買東西。如果推出的商品比競爭對手好一點，那你還是輸。因為認為「比競爭對手好一點」的人只有你自己。

除非推出所有人都認同遠比競爭對手出色的產品或服務，否則你永遠沒有勝算，無法存活下去。正因如此，「知彼解己」才如此重要。

第六個習慣是「統合綜效」。坦白說，這部分我實在搞不太懂。但就我所知，我所經營的補習班裡有好幾位工作人員容易情緒低落，可當這些人聚在一起時，總會有一、兩個人剛好有精神指導學生，這算是所謂的「綜效」嗎？

第七個習慣是「不斷更新」。關於這一點，我認為每天都能做到當然很好，但就是辦不到啊！像健身或學英文、慢跑就是我「明知有益卻無法每天做到」的遺憾，說來真是慚愧。

《與成功有約：高效能人士的七個習慣》的內容大致就是這樣，我覺得這是挺不錯的一本書。話雖如此，對憂鬱症的人來說，七個習慣真的太多了。

總歸一句，「先為他人設想再行動」就能充分總結這本書的內容。

《富爸爸》幫不了憂鬱症的人

接著是廣為人知的《富爸爸》系列（羅勃特．T．清崎／Robert. T. Kiyosaki 著）。書中所述確實是資本主義社會的真實面貌，但我仍對這本書抱持著各種疑問，接下來將逐一提出說明。

首先是《富爸爸》系列中提到的投資。老實說，我真心覺得沒什麼資金的人，應該很難靠那樣的投資方法增加資產，度過無虞的老年生活。

第一，這種投資能得到的獲利有限。無論是不動產或股票，任何人都能做的投資，獲利頂多就是那樣。第二，做這類投資時，手頭沒什麼資金的人必須背負借錢的風險。那些門外漢也能做的投資、有下行風險[4]的投資，老實說我很難信任不惜借錢也要投資的人對風險控管的觀念。憂鬱症的人是肯定不會碰這些的。所以，這本書幫不了憂鬱症的人。

憂鬱症的人不該「為夢想填入日期」

下一本《為夢想填入日期》（日本ASA出版）可說是商管書的代表作，作者

4 未來股價可能低於分析師或投資者預期目標的風險。

渡邊美樹是和民集團的創辦人。就是那家女員工入社沒多久便因過勞自殺[5]而一躍成名的和民。

對憂鬱症的人來說，為夢想填入日期，就連過程也要加上日期，實在不是一件好事，而且是非常不好。憂鬱症患者的狀況時好時壞，狀況差的時候，如果有許多無法按日期執行的預定事項，就會感到相當憂慮。所以，雖然我也會擬定每個月要做哪些事的計畫，但那些基本上都是何時做都無妨的事，就算當月無法完成，下個月再做也沒關係。

這樣的時間管理之所以不會發生問題，理由在於我每個月或每天該做的事（提交估價單或回應顧客）大多已經自動化，我已經建立起一套體制，即使有未完成事項也不會給客人添麻煩。

此外，從事固定成本[6]極低的事業也很重要。多數企業要付租金、人事費、廣告費、影印費等各種成本與費用，若無法依照預定計畫進行工作，很快就會出現虧損。不過，因為我從事的事業已盡可能降低固定成本，即使工作進度稍微延遲，營收或許會減少，卻不至於產生虧損，這一點極為重要。

總之，憂鬱症的人要為自己打造容易工作的環境。包含商業模式在內，徹底備妥讓自己容易工作的環境，是最優先要做的事。

模仿繳稅大戶的做法有用嗎？

在書店經常會看到「把『我很走運』當成口頭禪，人生就會開始走運」這類書名的商管書。不過，對打算創業的憂鬱症患者來說，這種主打「蟬聯繳稅大戶榜首」的經營者所寫的書，真的值得參考嗎？

5 日本和民集團的居酒屋「和民」女員工森美菜因工作過勞於二〇〇八年自殺，家人向法院提告，雙方後來和解，和民支付家屬約一億三千萬圓（約新台幣三千五百萬元）賠償金。和民集團的社長渡邊美樹也在個人臉書上公開致歉。

6 不會因公司營業額、產量影響而變動的成本，例如人事費、租金支出、廣告費等。

這類書籍實在太多，YouTube等平台上也有許多相關的演講影片，雖然沒有全部看過，但我個人的感想是，照單全收這些內容會很危險。理由在於，今非昔比，時代已經跟從前不一樣了。名列繳稅大戶榜首的經營者在過去的確靠著他那套做法獲得成功，但這也因為他是先驅者才能成功。我認為之後的人即使模仿他做同樣的事，應該也很難複製同等的成功。

這一點在所有生意皆是如此，先驅者因為搶占了先機，所以能在擁有無限可能性的市場獲得超額的利潤。能在新興市場上縱橫馳騁，就等於是壟斷了整個市場。實際上，日本知名人力資源企業瑞可利控股（Recruit Holdings）當初就是以那樣的形式大獲成功。

考量到這樣的商業原理，大家還是別參考那些成功人士的做法比較好。成功無法複製，只會照抄別人的成功模式，試圖藉由同樣的行動來獲得成功，在我看來實在有違商業的原理。

模仿藝術家不羈的生活態度可行嗎？

那麼，像岡本太郎那樣異想天開的藝術家所寫的散文，對憂鬱症的人有參考價值嗎？關於這一點，我也是抱持疑問。

岡本太郎之所以能破天荒成為受日本全民喜愛的超級偶像，理由在於當時是被電視及報章雜誌等大眾傳媒操控的時代。濱崎步和宇多田光、早安少女組的爆紅，就是因為抓住了那個時代的尾巴。之後崛起的女團ＡＫＢ48卻只有小眾鐵粉的支持。由此可知，像岡本太郎那樣人氣空前的全民偶像已不復見。這麼一想，仿效岡本太郎的生活態度實非明智之舉。

而且，違反社會規範的生活態度，通常得付出代價。這樣想來，像岡本太郎那樣的生活態度實在不適合憂鬱症的人。

本書後半會再三提到，憂鬱症的人最適合的生活方式，就是保持一顆「單純、正直且美好」的心，好好地修身養性。這是最能降低生存成本，同時獲得充足溫飽的生活態度。憂鬱症的人無法耗費太多生存成本，所以請你保持「單純、正直且美好」的心。

效法日本首富孫正義的我，創業慘遭失敗

這麼說來，軟銀集團（SoftBank Group Corp.）的會長兼社長孫正義先生的生活態度，應該也不太適合憂鬱症的人仿效。我自己就有過慘痛的經驗，雖然說來話長，考慮到對各位也許會有幫助，我還是簡單地說一下。

那是我要升大三時發生的事。

當時正值金融海嘯後的政權交接時期，日本的就業狀況非常糟，研究室的學長姐也陷入求職困境。眼見學長姐如此辛苦，我不禁心想，連那些優秀的學長姐都沒辦法順利找到工作，我豈不是完蛋了！那時，我感覺到了生存的危機。

於是，我決定創業。當時參考的對象就是孫正義先生。如今回想起來，我很後悔自己模仿了最不該參考的創業家。當時我鉅細靡遺地調查了孫正義先生創業時做了哪些事，決定效法他的成功模式，在別的行業放手一搏。

故事有點長，請容我繼續說下去。孫正義先生創業當時做的事業是幫被稱為「software house」的軟體開發者與大型家電行牽線的軟體批發。和他聯手的軟體開發者是當時最大的製造商「Hudson Soft」，大型家電行則是當時最大的電腦專賣店「上新電機」。也就是說，他藉由與頂尖要角的合作，一手征服了上下游。

天真的我以為自己也能在補教界採取同樣的方法。補教界的上游是講師招募業，下游則是補習班。當時我和日本最大講師招募業的大型個別指導補習班一起招募講師，也和當時經營最大網路補習班的上市企業合作。那時的我心想接下來的發展一定會非常順利，還向投資人募集資金，展開了「大學生隨時在線回覆學習相關問題」的事業。

結果，我搞砸了這項事業。搞砸的理由很多，最主要的問題在於我不懂得考慮別人的感受與人情世故。與兩家大企業的合作，在雙方幹部的居中協調下雖然得以實現，但對現場的工作人員而言，一個不知從哪兒冒出來的大學生突然闖入自己的職場，心裡難免不舒服。

更誇張的是，當時我完全沒想過客人對我提供的服務會有何感受，也難怪我的事業會失敗，還拖累了投資者，最後不得不難堪地結束事業。

後來我展開了新事業，也就是現在的事業。還好現在的事業已經步入軌道，能付錢給曾經被我拖累過的人，真是不幸中的大幸。

經歷過這樣的失敗，我下定決心**「以『最大努力』創造『最小成果』」**。以最小努力創造最大成果的話，依然無法長久，因為很多人都會跟風模仿，事業早晚垮台，以最大努力創造最大成果亦然。

當初推出補習班牽線服務時也是如此，登上《日本經濟新聞》後，補教界的巨頭隨即推出一模一樣的服務。此時，我就註定要失敗了。之後的兩年宛如置身地獄一般，我只記得自己幾乎天天躺著動彈不得，憂鬱症也在此時極度惡化。坦白說，我已經記不得自己是怎麼撐過來的。但我能夠肯定的是，當時的遭遇為我現在的思想帶來了很大的影響。

說了這麼多我的自身經歷，總之，孫正義的做法不適合憂鬱症的人。他的經營方法就是先定下極高的目標，之後再一一達成。那樣的做法相當耗費氣力及體力，就連沒有憂鬱症的普通人也難以效法。實際上能真正做到的人更是少之又少，正因如此，孫正義才得以鶴立雞群，成為成功的經營者。所以，孫正義的成功之道我們學不來。憂鬱症的人真的照做的話，別說靠創業活下去，搞不好還會加重病情導致臥床不起。

與其如此，還不如一開始就乾脆放棄這條路！

憂鬱症卻仍想創業的人，該怎麼選參考書籍？

那麼，對即使得了憂鬱症也想創業的人來說，哪些書才值得參考呢？

經歷過無數的失敗，我得到了一個結論，憂鬱症的創業者應該看的書，必須符合以下四個要點：

- **作者是經營者本人**（市面上關於孫正義先生的書，沒有一本出自他親筆）
- **在日本（本國）發展事業**
- **親自實踐書中的內容，並獲得成功**
- **事業規模在自己那一代的經營下由小做大**

符合這些要點的書，對憂鬱症的創業者就有參考的價值。

下一章起將正式進入創業的主題，**憂鬱症的人若要創業，基本上應該以小規模事業為主**。因此，小規模事業經營者的經驗分享非常值得參考。如果是在自己那一代擴大事業規模的經營者所說的話，也能提供憂鬱創業的人延續事業的寶貴意見。

反之，只當過大公司聘任社長的人所寫的書，對我們則沒有任何幫助。

營運已經成形的事業，與從零開始事業並將其做大，兩者之間即便有共通點，本質卻截然不同。

我個人認為值得一讀的參考書，是出生於我的家鄉仙台的生活用品製造商愛麗思歐雅瑪（IRIS OHYAMA）的實質創辦人大山健太郎會長的著作。市面上已出版了幾本他的著作，像是《儘管時代環境改變，依然有錢賺的體制》（日經BP出版）。大山會長的訪談我全都看過，真的很有參考價值。請恕我冒昧談論大山會長的見解（像我這樣的無名之輩來介紹大山會長的見解，委實有些僭越），因為覺得對各位有幫助，接下來就為大家介紹大山會長最具代表性的經營理念。

大山會長最廣為人知的理念是「使用者導向（User In）開發」。不是從「產品導向」（Product In）或「市場導向」（Market In）進行開發，而是從「使用者導向」。關於這個理念，容我再做一些補充說明。

首先，「產品導向」就是賣掉已經做好的產品的想法。「市場導向」則是認為這個產品應該會賺錢，那就製作來賣，是以「市場趨勢」為主的想法。

至於「使用者導向」是從現有的產品中找出不便之處，以解決不便來進行產品的開發。或許有人會不以為然，覺得「什麼嘛，不過就這樣」，然而透過這個觀點開發的商品其實並不多，所以只要貫徹這個理念就能做出熱賣商品。

另外像是京瓷（KYOCERA）集團[7]創辦人稻盛和夫的著作《生存之道：對人而言最重要的事》（繁體中文版由天下雜誌出版）也讓我獲益良多。我從這本書學習到「正確的心態是發展事業不可或缺的要素」。

實際上，「以『最小努力』創造『最大成果』」的取巧方式來經營事業，不但無法提升顧客滿意度，還容易招致客訴。

相反地，秉持著「以『最大努力』創造『最小成果』」的心態來經營事業，不僅能提升顧客的滿意度，彼此也能建立長期的關係（以敝公司為例，有些學生考上大學後，為了將來留學做準備，會持續使用我們的服務精進英文能力），顧客也會向周遭的親朋好友推薦我們。這樣的正面循環對事業的發展極其重要。

這樣的良性循環持續下去，客訴自然會消失，你自身的情緒也會變得穩定。

於是，憂鬱症的創業者也能在狀況好的時候努力工作。如此棒的正向循環，是前文提到的那些「勵志書」無法產生的。

說到同為京都企業的經營者，電機製造商日本電產的會長永守重信的著作《成為「帶領他人」的人》（日本三笠書房出版），讓我學到成本管理的重要性。

如今日本電產已是年營收一兆圓的大企業，然而每一塊錢的經費仍得經過社長的批准，甚至要進行多達五次的降價交涉。

雖然在敝公司這樣的補教業界不能如此對待員工，可如果把成本管理的思考活用在購買集訓活動的飲料等雜項支出，精打細算節省經費的話，就能積少成多達成預期獲利。

導入這種成本管理方式可以不斷累積財富，不僅有助精神穩定，身體狀況也會越來越好。

7 世界知名的開發商及製造商，生產許多先進的陶瓷與相關產品，包括電信設備、汽車零組件、智慧能源系統、半導體、電子元件、印表機與複合機。

這些優秀經營者的著作都是令人獲益良多的無價之寶。請盡量遠離那些會讓憂鬱症更加惡化，只會不分青紅皂白劈頭叫你「要努力、要拿出幹勁」的「勵志書」或「自我成長研習會」。

自下一章起，我將告訴各位，如何活用並實踐那些我從真正值得參考的商管書中學到的事。

本章總整理

- 憂鬱症的人別看「勵志書」。
- 照單實踐「勵志書」的內容，只會讓你更加心累。
- 《思考致富》對憂鬱症的人來說很危險。
- 「七個習慣」對憂鬱症的人是沉重負擔。
- 憂鬱症的創業者請讀那些憑一己之力，將事業規模由小做大的經營者「親自」寫的著作。

第2章

憂鬱症也能存活的創業方法

「完美主義」的人也行得通的創業方法

在上一章，我從諸多「勵志書」和「商管書」中，介紹了憂鬱症的人在尋求活路的創業之路上，值得參考與不值得參考的書。本章將進一步為大家說明，該如何將你從書中學到的知識，實際運用在創業上。

多數人一聽到「創業」都會覺得，做起來應該很辛苦吧？比起中國或韓國等鄰近諸國，日本人的確給人不會輕率創業的印象。「既然要創業，就得做個好看的招牌，在明亮整潔的地方租辦公室或店面才行……」日本人似乎有這種過度「完美主義」的傾向。尤其憂鬱症的人生性認真，這樣的傾向更是明顯。

然而，自古以來受到歧視的族群想要反轉階級，就只有創業這一條路。綜觀全球，因為各種歧視導致求職之路遭到阻斷的人們，都是透過創業找到新機會。所以，因為憂鬱症找不到工作的人，首先應該考慮的出路就是創業。

「都已經沒精神了，是要怎麼創業？」或許有人會這麼想。可是，創業後等事業達到某個程度的規模，就無須凡事親力親為，可以請人代勞。所謂「創業」，並不是為自己的工作加上日期，而是為別人的工作安排日期，委託對方去做。因此，就算是憂鬱症，在逐漸好轉的時期還是可以好好經營事業。本章要和各位聊聊憂鬱症的人該如何經營事業，才能獲得維持每日生活的收入。

一開始先以「每月營業利益十萬圓」為目標

本書的最終目標並非「年營收一千兩百億圓」，而是「年營業利益一千兩百萬圓」（編註：前者約合新台幣二百一十四億五千萬元，後者約合新台幣兩百九十四萬元）。相當於「每月一百萬圓」（編註：約合新台幣二十四萬五千元）的營業利益。一開始創業時的目標更小，只有「每月營業利益十萬圓」（編註：約合新台幣兩萬四千五百元）。後文將進一步說明，如果是這個金額的話，利用Amazon的Kindle自助出版（Kindle Direct Publishing）或YouTube的影片上傳等方法就能賺到。

接下來的目標是「每月營業利益三十萬圓」（編註：約合新台七萬三千五百元）。利用Amazon的Kindle自助出版或YouTube的影片上傳、Google的搜尋引擎最佳化[8]（Search Engine Optimization，簡稱SEO）銷售獨創商品就能達到這樣的金額。最後是「每月營業利益一百萬圓」。這是銷售獨創的服務，在客人的口耳相傳下得以達成的水準。

如果以「年營收一千兩百億圓」為目標，閱讀和民集團會長渡邊美樹的書也許會有幫助，因為他曾經實現過「年營收一千兩百億圓」的目標，而我並沒有。

不過，各位試想一下，達成「年營收一千兩百億圓」的創業家，就真的是幸福的生活方式嗎？精神狀態良好、有活力的人或許會覺得幸福。為了實現自己的夢想，說服銀行與投資人出資一起賺錢。這樣的生活方式，如果是精神狀態良好、有活力的人，應該會樂在其中。

可對憂鬱症的人來說又如何呢？每個月被銀行的還款日期追趕，還得面對來自投資人的壓力，對憂鬱症的人而言，這真的是理想的生活方式嗎？

我不這麼認為。

憂鬱症的人應該設定的初步目標並非「年營收一千兩百億圓」，而是「年營業利益一百二十萬圓」（每月十萬圓）。等達成之後，再提高至「年營業利益三百六十萬圓」（每月三十萬圓）。這個目標也達成後，再提高為「年營業利益一千兩百萬圓」（每月一百萬圓）。

當然，為了因應客人的需求，可以將賺到的錢再投入，最後營業利益也許會超過「年營業利益一千兩百萬圓」，但我認為剛開始創業時，目標還是應該設定在「年營業利益一百二十萬圓」（每月十萬圓），之後再逐漸提高為「年營業利益三百六十萬圓」（每月三十萬圓）、「年營業利益一千兩百萬圓」（每月一百萬圓），像這樣一步步由小到大、循序漸進達成目標。

8　一種網路行銷策略，目的是提高網站在Google搜尋頁上的排名，使大眾能成功搜索到企業的網站。藉此增加企業的能見度和點擊率，進一步刺激企業的網站流量，促使更多訪客成為實際顧客。

你需要的不是「收獲巨大成功的創業方法」，而是「能存活下去的創業方法」

上一章提到，收獲巨大成功的創業家都擁有超乎常人的活力。憂鬱症的人模仿他們那套做法反而很危險。實際上，前面也提過，我也曾夢想成為「孫正義第二」，卻因此白白浪費兩年的光陰。那段黑歷史讓我學會一件事——為了不重蹈覆轍，憂鬱症的人要有自知之明，先從自己做得到的創業方法開始。

總之，**憂鬱症的人需要的不是「收獲大成功的創業方法」，而是「能存活下去的創業方法」**。

那麼，「能存活下去的創業方法」具體來說是什麼呢？

在思考「能存活下去的創業方法」之際，首先必須了解**「怎麼做會導致失敗」**。我曾有過搞垮事業的經驗，沒有比搞垮事業更能學到寶貴的教訓。因為不想再遭遇那樣的慘敗，每當行銷方案沒什麼成效，我會仔細思考行不通的原因為何，每每令我獲益良多。成功容易讓人驕傲自大。抱持敷衍了事的工作態度，即使有客人上門，依舊是邁向自我毀滅的第一步。

說到破產經驗，教育業界的龍頭「倍樂生」（Benesse）和感測器業界的巨擘「基恩士」（Keyence Corporation）的創辦人都曾經歷過破產。郵購化妝品DHC的創辦人也曾有過五次公司倒閉的經驗。這些企業有許多值得我們學習的地方。

舉例來說，年營收四千億圓（編註：約合新台幣九百八十一億兩千萬元）的基恩士，營業利益率超過五〇％，完全無借款經營，正職員工的平均年薪超過一千萬圓（編註：約合新台幣兩百四十五萬三千元），現金也維持在一年營收左右。前文提到的和民集團，現金頂多一個月的營收，由此可知基恩士的經營是多麼穩健。

基恩士之所以有如此穩健的經營，是因為創辦人在創設基恩士之前曾經歷過兩次公司倒閉。當時的經驗造就了基恩士的營業利益率規畫、完全無借款經營、員工超過一千萬圓年薪，以及持有豐厚現金的觀念。

你該思考的不是「創業成功的方法」，而是「創業不失敗的方法」

憂鬱症的人應該向基恩士學習的經營手法，是「創業不失敗的方法」而非「創業成功的方法」。創業成功的企業雖然很多，但深入研究創業不失敗方法的企業卻不多。接著，讓我們一起來思考如何創立不會倒閉的企業。

首先是最基本的事，**不借錢**。這一點非常重要。破產通常發生在還不出錢的時候，**只要不借錢，公司就不會倒閉**。

不過，即使公司不會倒閉，如果沒賺到錢，公司仍無法永續經營。因此，無論如何都必須賺錢。憂鬱症的人一旦遭到客人臭罵，在玻璃心碎一地的情況下很容易意外破財。考量到這個風險，有別於心理健全的人所經營的企業，**憂鬱症的人必須從事營業利益率較高的生意**。

但營業利益率高的生意往往立基於較高的附加價值，因此雇用優秀的人才極為重要。在雇用員工之前，自己也必須先擅長某個領域。像基恩士那樣的大企業，花錢請人當然不手軟，但剛創業的人並不容易做到。一旦雇用員工，就應該盡心去關懷一起工作的夥伴。若是自己一人獨自進行事業，則要「不吝惜對自己的關懷」。然而，對憂鬱症的人而言，這卻是一件很困難的事。

包含我在內，憂鬱症的人通常有自殘傾向。傷害自己是憂鬱症患者的特徵。因此，「不吝惜對自己的關懷」就變得很難。自己無法開心，自然也不知道該如何讓別人開心，人際關係就會不順利，就此引發不好的負面循環。

自己不覺得開心，自然無法讓別人開心。無法讓別人開心，就等於無法讓客人和員工開心。所以，必須先讓自己開心，進而讓客人和員工感到開心，打造出這樣的正向循環。

不過，包含我自己在內，得到憂鬱症之後，有時就連轉換心情也很難做到。即使無法「開心」，至少也要思考**怎麼做才能讓自己的內心獲得平靜**。懂得這一點，也有助於讓客人或員工的內心獲得平靜。這麼一來，應該就能創造出完美的服務。

憂鬱症的你有什麼優點與缺點？

本書為了方便起見，以「憂鬱症的人」作為統稱，但「憂鬱症的人」其實有各種類型。本書的主要對象是「灰鬱」（melancholic）性格[9]的憂鬱症患者。雖然「新型憂鬱症[10]」患者不列入此類，但憂鬱症的人通常都有自殘傾向。或許有些人認為自己是新型憂鬱症，但無論是哪種類型的憂鬱症患者，閱讀本書應該都會有所幫助。順帶一提，我在高中時期也曾經認為自己得的是新型憂鬱症。

那麼，生性認真的憂鬱症夥伴們，請思考一下你的優點和缺點分別是什麼。「現代管理學之父」彼得・杜拉克（Peter Drucker）說過：「人無法因為缺點而達成什麼，卻能因為其優點而有所成就。」所以，首先思考「自己的優點是什麼？」非常重要。接著，再思考自己的缺點。這麼做的理由在於，你所認為的缺點，在發展事業的時候，有可能反而會成為你的優點。

以極度愛好古幣或舊鈔、舊郵票的人為例。老實說，雖然現在的我對古幣或舊鈔、舊郵票已經無感，小學時期卻相當熱衷於收集那些東西。

其實，稍有涉獵就會知道那個世界有多麼深奧，例如舊日本軍的軍票[11]，即使是當時已成為廢紙的紙鈔，只要妥善保存在通風良好的地方，不到一百年價值就會翻個好幾倍。政府發行的貨幣竟成了廢紙，其中內含的歷史意義激發了後世人們的購買意願。

像這樣，對多數人而言毫無價值的東西，在特定族群眼中卻是價值極高的寶物，這種事時有耳聞。因此，對特定事物著迷並專精至足以靠其維生，是做生意時的關鍵。

---

9 這類型的人責任感極強，做事認真仔細，對待周遭的人體貼入微，通常能夠得到眾人的好評。但是，完美主義的他們往往過於在意他人的評價，一旦失敗就會過度自責，又不肯輕易向人傾吐自身的煩惱，總是一個人獨自承受煩惱，因此容易罹患憂鬱症。

10 又稱為「非典型憂鬱症」，其症狀與以往的憂鬱症不同，包括：情緒變化較大、傍晚時分容易憂鬱、有暴飲暴食的傾向、過度嗜睡、覺得手腳沉重、被害意識強烈、自尊心強，容易將問題歸咎於他人。好發於二十幾歲到三十幾歲的女性，一般的抗憂鬱症藥物無法改善新型憂鬱症的症狀。

11 日本政府在戰爭期間發行的一種貨幣，作為軍餉發放給日軍。

找出比你還偷懶的那一群人

古幣買賣在網路商務之中屬於「電商賣貨」。賣貨的話，基本上跟誰都能買到相同的物品，沒有特別的差異化要素。因此，電商賣貨很難產生差異化，一旦出現眼疾手快的生意人，馬上就會輸給對方。這樣看來，憂鬱症患者其實不適合從事電商賣貨。

除了把喜歡的事當成工作，另一個重點是，**鎖定懶人多的業界**。我發現一個驚人的事實——**明明身心健全，但工作能力卻遠比憂鬱症患者還差的人其實大有所在**。具體描述這群人的話可能會得罪人，在此我就不多說，但只要仔細去找，一定會發現這樣的業界。在此傳授大家幾個分辨的方法。

像我經常去紀伊國屋書店的新宿總店，從一樓逛到最頂樓，巡遍那裡的書架，看到在意的書就卯起來讀。只要是自己有某個程度了解的業界，就會發現：

這個領域的書明明有這樣的商機，卻沒有設計集客導流的行銷系統、那個領域的書應該可以像這樣解說，沒做還真是偷懶……諸如此類，實在相當有趣。在YouTube或Google搜尋也能套用同樣的方式。

另外，電話簿或求職資訊刊物也很有趣。裡面刊登了各行各業的公司，只要用手機上網逐一查詢，哪些業界的用戶體驗不佳、用戶感到不滿的是哪個部分，立刻就能一目瞭然。只要從中尋找自己了解的業界，或是符合本書介紹基準的業界即可。此外，如果能在某個程度上統一規格，讓顧客照著做就能完成，就像「在淘金潮中，賺最多的其實是賣十字鎬的商人」這句俗語，開發符合該業界所需的WordPress[12]或影片編輯模板來販賣，應該也是大有可為。

12 部落格軟體和內容管理系統，具有外掛程式和模板系統。

即使憂鬱症也能扳倒身心健全的人

總而言之，重點就是找出懶散的人。在創業之前，我一看到工作偷懶的人就會覺得很煩，創業之後看到這些人卻很開心。看到懶散的人一定要逮住不放，因為這麼做能讓你燃起熊熊的鬥志。

補充說明一下，憂鬱症是對自己抱持殺意的疾病。人類或多或少都保有一些動物的本能，為了讓自己生存下去，必須殺死其他動物或人類。包含人類在內，多數動物都對外界抱持著那樣的殺意，由於憂鬱症會讓大腦的傳導物質失衡，導致殺意由外轉向內部。根據我自身的經驗，將對自己的殺意重新轉為對外界的敵意，有助改善自己的情況。

我在創業之前一直有想死的念頭，然而創業後一旦面臨「一個不小心公司或事業就會垮掉」的事態，反而燃起強烈的求生意志。原本一心求死的我開始希望自己的事業和公司能夠長長久久，最好可以永續經營。

這樣的思角轉向（paradigm shift）拯救了我。打從十五歲得到憂鬱症起，如今二十九歲的我之所以能夠好轉，很大部分是因為將對自己的敵意轉向外界的競爭對手。

實際上，我也真的打敗了許多競爭對手。接下來就跟各位聊聊我是如何擊敗這些競爭對手。

憂鬱症的人打敗競爭對手的祕訣

如前所述，創業之後我遇過許多競爭對手，並且打敗了他們。在我印象中應該超過十家，大多是想盡辦法生存下去的私人補習班。

我有自信提供比同業競爭對手更棒的服務。因此，我刻意使盡各種方法讓客人看到這個事實，有好幾個競爭對手就因此主動放棄離開這個業界。

擊敗競爭對手最有效的方法是YouTube。

競爭對手向客人收取數萬至數十萬圓才提供的影片，我直接在YouTube上免費公開更簡單易懂的影片。這麼做之後，競爭對手的考生上榜率驟減，接著生意完全停滯，最後只好收掉教室黯然退出。

所謂創業，就是如此殘酷的世界。不過，我很喜歡勝負成敗如此分明的世界。回想我之所以會得到憂鬱症，就是因為討厭這個必須莫名在意他人眼光的社會，我非常不適應這樣的社會。因此，做生意非常適合我。完全憑實力取勝，成敗全由自己負責，這樣的遊戲規則很適合我。

憂鬱創業的重點在於「YouTube、Google、Amazon」三種存款

在如此嚴峻的創業現實環境中，最需要的莫過於「存款」。

我的興趣是出國旅遊，在新冠肺炎疫情爆發之前，一年甚至出國十六次。那時我常和做不動產投資的朋友去賭場，不懂賭場規則的我只是在一旁看，朋友卻能在賭場賺到這趟旅行的機票錢和住宿費。看著朋友怎麼賭錢，我覺得賭博其實和創業的原理很相似。

首先，想靠一把就翻身的衝動賭法，在賭場是最糟糕的行為。腳踏實地穩紮穩打，同時觀察情勢，不受情感左右，冷靜做出決定。在經營事業上，我特別留意的就是這兩件事，而許多退出業界的競爭對手都沒做到。想要守住並增加現金「存款」，這兩件事至關重要。

此外，能幫你增加現金「存款」的其實不是現金本身。比現金「存款」更加重要的是「YouTube存款」、「Google存款」、「Amazon存款」，接下來逐一為各位介紹。

首先，「YouTube存款」指的是，大量上傳多數人可以長期持續觀看的影片。這件事說來簡單，做起來卻不容易。許多YouTube影片在上傳當天雖然會有很多人來湊熱鬧，但要製作出吸引多數人長期持續觀看的影片，是非常難的一件事。如果不是真正有意義的影片，就無法吸引多數人持續觀看。有能力製作數十、數百支這種影片的業者，真的很強。這類影片的留言裡會有許多客人的詢問，即使不花錢打廣告，照樣能做生意。因此，只要持續打造「YouTube存款」就能自動增加獲利，現金存款也會隨之增加。

接著是「Google存款」，這是藉由符合搜尋意圖「Do[13]」的關鍵字，讓有特定需求的客人經由關鍵字搜尋到你的網頁，你必須成為搜尋排名第一的網站，至少也要擠入前三名。擁有越多這樣的網站，就能創造越多的「Google存款」。

我所經營的公司就很擅長打造「Google存款」。方法雖然有許多種，其基本道理就和影片一樣，想要在搜尋排名接連得到第一，重點就在於盡可能讓多數人可以長期地瀏覽。這樣的網站也會接到許多來自客人的詢問，就算不打廣告也能做生意。

最後是「Amazon存款」，也就是出版符合搜尋意圖關鍵字的書，讓有特定需求的客人經由關鍵字搜尋到你的書。

「Amazon存款」的效果遠比「YouTube存款」和「Google存款」來得好。因為YouTube和Google可以免費瀏覽，前來詢問的人心態也比較隨意，而Amazon的書基本上都要付費。也就是說，在Amazon買書的客人，基本上都是先付費才來詢問。這類客人最後與我的補習班簽約的機率最高。

讓自己一天只工作十分鐘也能活下去

只要累積比現金「存款」還重要的「YouTube存款」、「Google存款」及

13 Google將搜尋意圖分為四種：Know（想知道）、Go（想去）、Do（想做）、Buy（想買），再用演算法決定哪些內容可以在搜尋頁面上取得排名較前面的位置。

「Amazon存款」，即使不打廣告也會有客人排隊上門，等到收入能夠自動穩定入袋，在狀況差的時候，一天只要花個十分鐘確認一下營業額，其餘時間都能躺著好好休息。對憂鬱症的人來說，這無疑是最適合的創業方法。

本章總整理

- 憂鬱創業的目標並非「收獲巨大成功」，而是「可以存活下去」。
- 你應該思考的不是「創業成功的方法」，而是「創業不失敗的方法」。
- 憂鬱症的人要找出比自己更懶散的人。
- 累積「YouTube、Google、Amazon」三種存款。
- 打造「讓自己一天只工作十分鐘也能活下去」的自動化機制。

第3章

憂鬱症也能加入的市場在哪裡？

憂鬱症的人請在衰退產業創業

第二章介紹了憂鬱症的人創業時的注意事項，以及狀況不佳時每天只花十分鐘處理要事，等狀況好轉再卯起來全力工作的事業經營方法。

那麼，憂鬱症的人如果打算創業，應該加入怎樣的市場或產業呢？

本章將為各位提供有助於思考這個問題的提示。

憂鬱症的人應該加入怎樣的產業，找出答案的方法很多，我先從最簡單易懂的部分開始說明。

那就是，**在「衰退產業」創業**。

「咦？在衰退產業創業……之後不會越來越糟嗎？」或許很多人會這麼想，在憂鬱症患者的創業之路上，以下是最重要的一點——**盡可能不要和能幹的競爭對手交手**。

選擇身心健康者居多、生產力卻低於憂鬱症患者的業界，你一定可以穩贏。**與其奮力一搏卻仍輸給相撲力士中位階最高的橫綱，選擇以幼稚園小朋友為對手那般、不費吹灰之力就能輕鬆穩贏的生意，更容易讓你賺到錢，這就是商場的現實**。因此，先找出已經山窮水盡的衰退產業非常重要。

我加入的業界是補教業與出版業。

補習班是主業，出版是副業，兩者都是正在衰退的產業。正因為是處於衰退的產業，所以最適合憂鬱症的人。首先，因為沒什麼優秀的人才，要在這個業界存活下去相對地輕鬆很多。

在ＡＩ（人工智能）、ＶＲ（虛擬實境）、ＡＲ（擴增實境）或ＢＩＯ（生技）這些人才濟濟的熱門產業，光是存活下去都很不容易。而知名大企業的員工也一樣競爭非常激烈。鎖定競爭對手水準較低的業界，這一點極為重要。

不過，如果是真心無藥可救、完全賺不到錢的衰退產業，在那一行做生意也會很辛苦。所以，進入**「周遭認定是衰退產業，但其實有可能急速成長」**的業界，才是最吃香的生意。

在尋找這類產業時，我會比較與日本相似的其他國家。

以補教業為例，韓國的補教業市場規模是一年約兩兆圓（編註：約合新台幣四千八百九十四億元），日本則是一年一兆圓（編註：約合新台幣二千四百四十七億元）左右。韓國的人口約日本的二分之一，也就是說，平均一個人在補教業所花的錢相當於日本人的四倍。韓國之所以有這樣的現象，原因在於韓國的裁員率高，若不具備母語等級的三國語言能力，取得碩士或博士學位，就很難進入大企業工作，競爭相當激烈。從目前的政權政策來看，日本今後也會趨近韓國的情勢。如果能預想到那樣的未來，補教業可說是目前少有人發現的成長產業。此外，東南亞除了華語圈及英語圈之外，其教育產業不像日本這麼成熟，投資那樣的市場也是前景可期。

而說到我的出版事業，我常自嘲是「寒酸出版社」，自費出版了約二十本書。透過Amazon的Kindle自助出版[14]（Kindle Direct Publishing，簡稱KDP），無須投入初期成本就能出版紙本參考書。雖然只靠出版事業很難獲利，但如果將出版當作「利用書籍打廣告」的宣傳管道，結合補習班的本業仍有賺頭，所以我也投注了不少心力在書籍的出版上。而且，願意買書來看的讀者等於是把人生中的一、兩個小時或更多時間用來聽我說話，還有比這更棒的事嗎？

還有一些我尚未加入的產業，像是利用地方的廢校成立幼稚園至高中的連讀制學校（all through school），或是參與政治、地方媒體（地方報紙、地方電視台）等，總之我對社會普遍認定的衰退產業很感興趣。雖說只是以自己的資本在能力所及的範圍內發展事業，但日本的衰退產業競爭寬鬆，賺錢機會很多，堪稱一座寶山。

14 任何人都能在Amazon的Kindle自助出版自行出版書籍，用KDP發行的好處有：紙本書採取有訂單才印刷的方式，所以零庫存，而事前需要投入的印刷成本也是零。

找出「讓你的分身無時無刻替你工作」的生意

前文提及各種有關衰退產業的事，我在選擇要加入的產業時，**最重視的基準是「能讓我的分身一天二十四小時、三百六十五天全年無休為我工作的生意」**。

憂鬱症的人生性認真，經常會有自己可以全年無休一直工作的錯覺。然而，正是因為無法做到你才會閱讀本書，假如你能做到，應該就不會讀這本書吧。因此，你必須要有「自己無法一天二十四小時、三百六十五天全年工作」的自覺，選擇當憂鬱症變嚴重時可以偷懶的生意。

在我經營的補習班，大部分員工都是之前的學生。他們靠著在補習班學到的方法考上名校，並且在大學或研究所認真進行研究，這些人指導學生的能力全都比我優秀。

在我的補習班，能力最差的人就是我，因為我不會雇用能力比自己差的人。

理由在於他們可以代替我工作，當我狀況不好的時候，只要把班表傳給員工，之後就可以整天躺著休息。

此外，出版事業或YouTube影片的上傳、網站資訊的發布也是如此。我會事先做好一年份的內容創作，這麼一來，無論狀況好壞，每天都能持續發布。這一點相當重要。在旁人眼中看來，我每天都很勤奮地工作，可實際上我並沒有多努力。

日本人往往會對認真工作的人給予高度評價，因此讓周遭的人覺得你「看起來」工作很認真非常重要，這是憂鬱症患者的處世之道，請各位務必銘記在心。

在別人沒興趣的產業，做別人覺得麻煩的事

說到做生意，我覺得「**麻煩的事**」最有賺頭。

我所經營的補習班包辦了所有學科，其中還會專門針對小論文（早慶上智[15]大學入學考）、英語（以難考聞名的慶應SFC[16]英語考試或早慶上智的英文論述題）、AO入學考試[17]（早慶上智入學考）進行特別指導。想當然耳，報考早慶上智的學生水準很高，競爭也相當激烈，指導他們是非常麻煩的事。

不過，正因為非常麻煩，大型補習班無法輕易加入，所以我的補習班才能存活下來。

此外，我投注大量心力的YouTube影片和Google的搜尋引擎最佳化（SEO）、Amazon的Kindle自助出版事業也很麻煩。正因為麻煩，認真做的人很少，所以才有贏面。正因為麻煩，所以我才能賺到錢。

從商業發展的歷史來看，這也是顯而易見的事。眾所周知，「猶太人專出世界級大富豪」，他們從事當時的《聖經》解釋中禁止的金融業，並因此獲得巨額財富。金融業說白了就是借錢給缺少資金的人或公司，之後再回收貸款的工作，真的相當麻煩。

由此可知，麻煩的事情果然很有賺頭。

「世人眼中的麻煩事」未必是「你的麻煩事」

我認為能否靠做生意存活下去，關鍵在於最終是否可以徹底完成「麻煩事」。做生意之後我發現，如果只能提供和競爭對手差不多的服務，根本乏人問津。就算提供（自認）比競爭對手好一點的服務，也還是賣不掉。唯有提供任何人看來都遠比競爭對手出色許多的服務，才賣得出去。

一開始因為缺乏知名度，所以更需要拿出優良的品質，來讓客人忽略你是無

15 即早稻田大學、慶應大學、上智大學，是日本最難考的私立大學。
16 慶應義塾大學湘南藤澤校區（Keio University Shonan Fujisawa Campus，簡稱SFC）。
17 AO即大學招生處（Admissions Office），這是日本近年導入的考試方式，不偏重學力測試，而是綜合考核考生的能力、適應性等。最早由慶應義塾大學於一九九〇年開始實施。AO入學考試的具體內容及方法並無明確規定，由各大學以獨自的方法和內容實施。

名小卒的事實。因為一般無名小卒賣的東西，根本沒人會買帳。

那麼，有憂鬱症的我們如何做出任何人看來都遠比競爭對手好用的服務呢？那就是思考**「自己能找出無數改善細節的熟悉事物為何？」**

此時最重要的是，別管社會大眾的想法。喜歡古幣的話，就把手邊所有錢都換成古幣，不惜向人借錢也要收集，必須要有這種程度的熱情。擁有令自己如此著迷的事物，正是你最大的財產。如果是如此熟悉的領域，就能找出連大企業員工也無法理解的差異化要素，也能做出所有人都公認遠比市售成品更優秀的商品。

大學時期，學長姐之間經常會流傳有關「爽課」（學分好拿的課）的資訊，令我驚訝的是，輕鬆與辛苦的定義完全因人而異。同樣地，多數世人覺得麻煩的事，對你而言或許既不麻煩也不辛苦。

為了能夠輕鬆地活下去，**憂鬱症的人應該別管世人的想法，盡可能找出一般**

人做起來覺得非常痛苦無奈，對你而言卻很輕鬆的事，這是最好的生存方式。只要專注在這件事，你一定能做出暢銷的服務或商品。

你的龜毛性格反而是賺錢的優勢

現今許多「勵志書」都充斥著「別想太多，做就對了」、「現在馬上行動，去實現你的點子」之類的謬論。雖然這也是一種觀點，但我實在無法認同。因為這世上不會有人笨到去買「做就對了」、「現在馬上行動」這種輕率隨便的態度下做出來的商品。

我反倒希望憂鬱症的各位要格外珍惜自己**「做事力求細緻周到」的龜毛特質**。有社會歷練的人或許已經察覺到了，這樣的人其實很少。

因此，「做事力求細緻周到」是非常有價值的特質。接下來就是好好思考：對你而言什麼事做起來很辛苦、什麼事一點也不辛苦、你在怎樣的領域可以樂在其中，專注於工作。光是這麼做就能讓你輕鬆不少。「我沒辦法創業啦……」有這種想法的你，不妨試著先從思考這件事開始。

至此，本章著眼於憂鬱症的人在創業之際，應該選擇怎樣的市場或產業、適合做怎樣的生意。在下一章，我將為各位說明具體的創業計畫。

本章總整理

- 憂鬱症的人請鎖定競爭較少的衰退產業。
- 別和能幹的競爭對手交手。
- 找出「讓你的分身一天二十四小時、三百六十五天全年無休為你工作」的生意。
- 找出一般人覺得麻煩，但你做來卻很輕鬆的事。
- 珍惜自己「做事力求細緻周到」的龜毛特質。

第4章

憂鬱症也能做到的創業計畫

即使憂鬱也能存活下去的創業計畫

第三章針對憂鬱症患者應該加入怎樣的產業或市場提出了具體建議。

那麼，實際上應該怎麼做生意呢？本章我想和各位聊聊「即使憂鬱也能存活下去的創業計畫」。

這些計畫即使在二〇二一年的疫情期間，每個月至少可以賺到營業利益十萬圓，根據每個人手頭上的存款或能力，也有望賺到營業利益三十萬圓或一百萬圓。在此提供各位作為參考。

在此先復習一下前文提過的「即使憂鬱也能存活下去的生意」。考量到「灰鬱型」憂鬱症的性格特質或病症，「即使憂鬱也能存活下去的生意」條件相當明確。

首要前提就是，**盡可能在家完成所有的工作，或只在心情好的時候外出。**

日前因為工作的關係，我久違地出一趟門與人見面，果然比起在家寫書還要累上十倍左右。因此，請盡可能選擇不用與人面對面接觸的工作。

此外，**不必每天埋頭工作**這一點也很重要。

憂鬱症的人狀況時好時壞，狀況好時就努力工作，狀況不佳時就交由電腦自行計算營業額，讓自己什麼都不做也能有錢入帳過活，這一點非常重要。

若你是三十多歲的人，手頭應該也存了一筆錢，所以我選的大多是只要付錢，無須花費太大力氣就能輕鬆獲得高年利的創業計畫。

事實上，只要夠努力，要想達到年利率一〇〇%也絕非夢事。在本章我會整理出自己親自嘗試過、年利率五〇%左右（因為沒算上與其他事業的加乘效果，事業本身的單獨收益率較低）的創業計畫，還有周遭朋友做過、獲利不錯的事業模式。

還有一點必須注意，**選擇大企業不會出手的生意**（例如對大企業來說賺頭太小，或從政治考量來看風險較大的生意）。

除了留意以上的條件，還必須考量到「先行者優勢」。基本上，在規模經濟（economies of scale）[18]的運作下，先行者會不斷累積追隨者或顧客的資料庫，之後才加入的競爭者很難追得上，應該可以長期穩定地賺錢。

有望達成高收益的Amazon Kindle自助出版

先和各位聊聊，我實際做過而且真的賺到錢的生意。市面上有關商業點子的書所提出的構想，作者大多並未實際做過，我認為這樣不誠實。各位既然花錢買了這本書，我理當跟大家分享自己實際做過、較不費力又能賺錢的生意。

前文多次提到，我靠Amazon的Kindle自助出版（Kindle Direct Publishing）成立了小型出版社。這個真的可以賺到錢！

自助出版可以賺到錢的理由很多。首先，鎖定Google的搜尋引擎最佳化

（SEO）的話，競爭非常激烈，而且即使名列前茅也未必能讓你賺到錢。因為將消費者引導至網站後，還必須讓他們掏錢買服務，難度其實很高。在Google搜尋的人之中，最後特地來到你的網站買東西的人真的很少。這道理就像在車站前開店一樣，只要開對店就能賺錢，可一旦選錯關鍵字，就像是在大學附近開了一家學生完全沒興趣光顧的店，還是賺不到錢。

YouTube雖說只要達到開啟收益的標準就能賺錢，但要達到開啟收益的點閱率，門檻真的很高。縱使能夠獲得收益，每一次點閱的收入其實很微薄，只靠這個根本賺不了錢。

從這一點來看，利用Amazon的Kindle自助出版成立的小出版社就很棒。基本上會注意到這條賺錢門路的人本就不多，所以競爭較少，根據你的價格設定，賣出一本能收到的款項可以達到一千圓。實際上，敝公司所有出版品都是每賣一

18 在一定的產量範圍內，隨著產量增加，平均成本會不斷降低。

本即可進帳一千圓以上。之所以能達到如此高的收益，理由在於Amazon本就是購物網站。這一點是關鍵。既然Amazon是購物網站，在上面賣書就等於是在購物中心開店一樣，有望達成高收益。

如果覺得自己寫書很麻煩，也可以請人代勞。敝公司出版的書是「考取經驗談」五萬字+「小論文考古題解說」五萬字，小論文考古題解說有時會交由員工撰寫，基本上都是委託東大或早慶上智等名校的研究所畢業生，依照規定來撰寫，行情是一字一圓左右。一本書的製作成本約五萬圓，目前已出版二十本，總共花了近百萬圓，每個月約有四到五萬圓入帳，一年進帳約五十萬圓。也就是說，光是這部分的年利率就可以達到五〇%。

不過，出版書的真正目的是吸引消費者購買我們的後端商品[19]——即敝公司的服務，這項商品的年利率更高，可以穩穩達到超過一〇〇%的年利率。

月入百萬圓不是夢？

這套做法也能運用在補教業以外的業界，好比在政界，可以從「親美⇔親中」、「大政府[20]（重視福利主義）⇔小政府[21]（只保留警力、軍力等最低限度的政府功能，其他部分限縮的主義）」的角度，來寫「支持社會弱勢者的市場基本教義（market fundamentalism）」這類少有人寫的主題。若無法自己寫書，也可以將大概的內容錄音下來，委託缺錢的研究生來撰寫，十萬字大約花個十萬圓或五萬、三萬圓即可。現在日本有很多像這樣以超低價請人代筆的各界專家。

然後，自書上市前一百天起，每天在YouTube上傳影片，或是在推特上和政治名嘴持續討論相關議題，藉此打響書的知名度。這對因為憂鬱症窩在家的人來

19 以免費試用包、免費電子書，或價格優惠的「前端商品」來吸引顧客，藉此收集準客戶名單或買家名單。而「後端商品」就是客戶購買前端商品之後，緊接著馬上銷售給他的商品。因為「後端商品」的價格更高，往往才是獲利的主要來源。

20 大政府（big government）是指政府徵收社會資源之多與主導社會發展之鉅而稱為「大」。

21 小政府（limited government）是指主要由民間供給政府無法提供的事物與服務，政府在思想與政策上盡可能將行政規模與權限限制在某個小範圍內。

說，不是一件太辛苦的事吧。其實很多人都像這樣打發時間。即使是推特上的討論，也能讓你賺到錢。

這樣的市場與小眾的入學考試考古題解說不同，因為有其他類似的書籍，必須在版稅率（抽成比例）的設定上煞費苦心。話雖如此，比起小眾的入學考試考古題解說，因為可以預測其規模，每個月靠這個賺進十萬圓其實不難。等到有了知名度，還可以搭配演講或座談會，每個月可望賺進三十萬圓甚至一百萬圓的營業利益。

將國外的影片本土化也許可行

另外，還有一個典型的做法，那就是引進國外有、但國內沒有的東西。這門生意想必也挺有趣的。不過，賣東西的風險大，而且任何人都能做，所以競爭較激烈；既然要進口的話，不如選服務或喜劇影片等非實體化的內容。

因此，最好每天關注國外例如喜劇影片之類的內容創作。話說，曾經名噪一時的網紅社長竹花貴騎[22]最近因為經歷造假而引發輿論熱議，他直接盜用國外富豪YouTuber的發言，讓社會大眾對他成功企業家的人設信以為真。

像竹花那樣將造假內容拍成影片的錯誤做法自然另當別論，但日本有許多人不會說英文，引進國外的內容創作，應該有不少人會覺得新奇。所以，持續關注國外的內容創作，確實有其必要。

像我本人最近在關注的是英國的喜劇演員薩夏・拜倫・柯恩（Sacha Baron Cohen）。他是畢業於劍橋大學的猶太裔知名喜劇演員，主演並監製過《G型教主》（*Brüno*）和《芭樂特：哈薩克青年必修（理）美國文化》（*Borat: Cultural Learnings of America for Make Benefit Glorious Nation of Kazakhstan*）等電影。以

22 竹花貴騎號稱自己曾任職於Google、瑞可利（Recruit）等知名企業，資產超過一百億日圓，以虛構的經營者人設創立線上學校吸金，並盜用網路名人的創作，之後遭到多位經營者與YouTuber踢爆他的經歷皆是造假。但即使媒體大肆報導這件事，竹花貴騎依舊堅稱自己的成功經營者人設是真的。

「整人」聞名的他，前陣子還曾找來保加利亞模特兒佯裝成電視台女記者，對前紐約市長朱利安尼（Rudy Giuliani）設下仙人跳，因此一舉成名。我認為那樣的喜劇風格在日本應該也行得通。

當然，日本的電視台可能無法接受這種喜劇風格，這樣的點子在守舊的電視台應該很難實行，但現在我們還有YouTube這個媒體。比起在電視上播放，這類影片在YouTube播放更有賺頭，靠點閱次數得到的收入，應該可以超過引進影片所須支付的費用。

小眾語言發音矯正系統的開發可望成為商機

此外，每天使用教育類服務時，我總覺得有一點非常不方便。現今市面上推出了許多語言學習App。在英語學習這方面，各種類型的App都有，例如名叫「ELSA Speak」的發音矯正App，對著該App說英語，就能指導你的發音。這款

App在英語學習者之間評價頗高，可惜語言的種類只有英語一種。目前幾乎找不到中文、泰語或越南語的語言學習App。

這類語言屬於非常重視發音的聲調語言[23]，如果有發音矯正App，學起來應該更加方便。像這樣子，發現日常生活中的不便，就可以成為賺錢的大好機會。

假如你是一名App工程師，由於現有的語音辨識應用程式介面（application programming interface，簡稱API）多如牛毛，只要去買中文、泰語或越南語的發音相關書籍，就能馬上著手試做。先試著做出來，然後再改善，這是最快的捷徑。因為你所認為的最佳方案，未必是顧客的最佳方案。先達到某個程度的品質（這一點非常重要，無論做什麼都要維持最低水準的品質，但沒親自製作過產品的人對於「最低水準」的認定，往往遠低於一般大眾的要求），再請顧客實際試用，針對問題進行改善，就能提高成功的可能性。

假如你不是App工程師，還有一個方法，從自己的存款中撥個十萬圓左右，

23 用聲調辨義，以聲調差異來表達不同的語義。

透過個人工作者媒合平台「CrowdWorks」委託他人製作。當然，這麼做的話必須先決定好規格，而且外包的失敗率頗高，但只花十萬圓的話，即使失敗也能當作繳學費，從中學習寶貴的經驗。決定好規格，在運用的過程中，透過實際的操作學會App的開發，應該可以吸引許多公司挖角你。當然，將工作外包並從中學習這套方法也能用在負面SEO[24]（negative SEO）的代行，或是保證訂閱人數一萬人的YouTube代操作等其他的生意。

針對特定業界的網路行銷公司也不錯

還有一種生意一旦與委託人簽約，對方就會上癮，在合約履行期間都能有錢進帳，這門生意就是「網路行銷公司」。網路行銷公司的業務簡單來說，就是利用網路上的各種媒體，為委託人持續帶來客人。過去我也曾花費數千萬圓在Google和Yahoo!上打廣告。對自營業者來說，如何招攬客人是他們最傷腦筋的問題。因此，和你簽約的自營業者不會解除合約。只要能夠成功幫委託人帶來客人，就能像收取保護費的地頭蛇那般，每個月都有錢進帳。

讀完本書之後，你應該能對Google、YouTube、Amazon、App Market的行銷手法有深入的了解。只要將所學運用在網路行銷，就能用別人的錢賺更多錢。不過，在YouTube上搜尋「集客」這個關鍵字，也會出現許多本書開頭提到的「晨讀會」大叔，沒想到「晨讀會」連YouTube也滲透了。

如此一來，自認贏不過早鳥大叔又無法早起的你，就必須採取其他的作戰方法。

其中一個方法就是轉移戰場。我實際試過的方法就是將目標客層轉移至在日外籍人士或鎖定外國人。鎖定日本人雖然有十億圓的市場，但競爭對手也有一百家；鎖定在日外籍人士或外國人的話，雖然只有一億圓的市場，倘若競爭對手僅

24 負面SEO跟一般的SEO相反。SEO能拉高網站在搜尋引擎上的排名，而負面SEO則是讓網站的搜尋排名倒退。

有一家，後者賺到錢的可能性更高。瞄準後者，雇用外國人做行銷也不錯。或是以同樣的方法，鎖定你熟悉的特定小眾業界，成功機率應該也很高。

趁疫情在電商賣公司破產存貨賺一筆

接下來這門生意雖然無法長久，但我認為花個十萬圓，在八王子或山梨縣、神奈川縣的深山，或是千葉縣、埼玉縣的深山租一棟大房子，開卡車繞一都四縣（東京都、埼玉縣、千葉縣、神奈川縣、山梨縣）回收破產公司的存貨，在二手交易平台「Mercari」上賣個一年應該也不錯。因為新冠肺炎疫情導致許多公司破產，此時正是賺錢的機會。

因為我曾有過搞垮事業的親身經驗，知道公司破產對中古商品收購業者而言是最棒的時機。反正社長已經半夜跑路不見人影，員工拿不到薪水，對公司早已心灰意冷，此時從後門溜進去和員工混熟的話，就能以極低的價格買走庫存，價格便宜得幾乎等同於免錢。至於買下那些庫存的錢去了哪裡與我無關。反正社長已經跑了，公司的帳也一團亂，操心這種事也沒用。

以上提出的生意，基本上都是我方主導權較強，因此你可以自行決定碰面的時間，想工作時再工作。事前設計好流程的話，甚至不必與人見面也能完成工作。

YouTube 接下來會紅的是「小眾語言 X 發音矯正」

說到活用 YouTube 賺錢的方法，在教育業界的話，就是上傳語言學習類的影片，再將觀眾引導至補習班，實際上就有許多人都這麼做。

舉例來說，韓語的話可以在中國鄰近北韓邊境的丹東市，以低廉的價格在當地雇用會說韓語的人成立事務所，日語的話可以在泰國或沖繩這麼做，英語則是在菲律賓，再透過 YouTube 或廣告等招攬顧客賺錢，這樣的企業約莫十年前就已經很多了。

最近已經無法滿足於網路英語會話或網路中文教學的人，開始尋求更高階的指導。在這樣的時代潮流中，YouTube頻道訂閱人數快速增加的是名叫「Daijiro」的YouTuber。他的本業是英語的發音矯正訓練師，從事收費的發音矯正指導，客人卻源源不絕，紅翻天的他現在已經停止提供免費體驗。

看到這樣的趨勢，我認為今後中文或泰語等小眾語言的發音矯正訓練師的需求會越來越多。前文提過，英語的發音矯正App很受歡迎，但這類App的缺點是進度的管理較為鬆散。不過，只要有人介入，「我已經答應那位人氣YouTuber要好好學！」的壓力就會轉換成動力，促使人自動自發地學習。雖說現在才開始應該贏不了Daijiro的英語發音矯正，但如果是泰語、越南語、韓語或中文等其他語言的發音矯正，應該仍有十足的勝算。

「可是……我根本不會泰語、越南語、韓語或中文啊……」

別擔心！正在閱讀本書的你，日語發音（應該）很棒吧。這是很棒的資產！

在日本接受教育的話，應該會最基本的英語，從今天起卯起來在YouTube上傳以英語或日語教授如何改善日語發音的影片。住在國外的有錢日本人，大多擔心自己小孩的日語發音不夠好，這就是商機啊！

利用品牌力發展「道地料理系」生意

另外，道地料理系的YouTuber也很受歡迎。這些YouTuber會透過Amazon聯盟行銷（Amazon Affiliate）推廣食材，或是利用Amazon的Kindle自助出版出食譜書，收入來源相當多元。

如果你會做外國的道地料理，應該也是一門挺有趣的生意。就算你是土生土長的日本人，只會做日本菜，只要會說簡單的英語或中文、韓語等外語，光是這樣就非常與眾不同。假如自己每天都會煮三餐，粗略計算一下，一年就能發布近一千支影片。還能連結到推特或ＩＧ，擴散力極高。訴求人類本質慾望的「飲食」，其商機可是無窮呢！

不過，開餐廳對憂鬱症的人來說負擔太重。雖說現在可能因為新冠肺炎疫情不好實行，我想到的可行方法是在週六週日這兩天提供外燴服務。也就是只在週末或週日工作，在短時間內賺取超過一星期份的利潤。這麼一來，即使身體狀況不好，應該也能做到。

此時，重點在於你的「品牌力」。

或許你會想，沒沒無聞的人哪來的品牌力？閱讀至此，相信你應該已經知道答案了。現在可以靠YouTube或ＩＧ、推特等管道來創造自己的品牌力。即使一開始的追蹤人數不多，每天上傳影片（其實是一次拍完好幾支影片，再分批上傳）也會給人一種值得信賴的安心感。

而且，每個人的需求都不一樣。也許你會覺得自己不擅廚藝而不敢嘗試，可即使對方廚藝不精也無妨，就是想吃有魅力的人親手做的菜，想跟對方一起愉快地用餐，願意為此花大錢的人其實挺多的，還真是「一樣米養百樣人」呢！

利用 YouTube 影片「推坑」

我不僅與Amazon合作聯盟行銷發展個人的副業，光是在推特上介紹自己喜歡的書，每個月也能有數千圓進帳。

追蹤Amazon聯盟行銷推薦的商品，我發現即使是高達數十萬圓的昂貴商品，還是有人買單。這麼一來，一下子就能賺進數千圓的額外收入。累積起來也是一筆不錯的收入。

當然，你也可以拍影片介紹自己花數十萬圓購買的東西，只是很少人能經常這麼做。不過，假如你有開釣具店、相機店或車行的親朋好友，在這些業界懂得活用YouTube的公司並不多，鎖定某個領域，也能透過聯盟行銷獲得可觀的報酬。就像酒店公關鼓吹客人開紅酒或香檳自己也能抽成一樣。總之，想要活用別人的地盤來一決勝負，關鍵在於一開始要找到對的合作夥伴。

用「自己做起來毫不費勁的事」來換取金錢

還有一門我近期看過印象最深刻的生意——販賣「和女主播交好的方法」。這是電視台主播實際在媒體平台「note」上寫的付費閱讀文章，像這樣的知識販賣就是**用「自己做起來毫不費勁的事」來換取金錢，我覺得是一門相當有魅力的生意。**

當然，千萬不能做得太過頭，像是販賣昂貴的不實投資明牌，或是以補習班或線上沙龍之名行詐欺之實騙錢。不過，在你看來覺得「理所當然」的事，說不定正是他人迫切想要得到的資訊。

不妨趁此機會清點一下自己所擁有的經驗與知識，看看其中是否有可以賣給別人的知識。

為「免費得到」的東西加上故事，增加其附加價值

另外，最近我知道的YouTuber中，有一位男性YouTuber的賺錢方法也相當值得學習。

他買下關東郊區的小鋼珠店自己經營，再將頂下小鋼珠店從頭開始經營的過程拍成影片上傳。順利開店之後，他持續以影片記錄自己日常經營小鋼珠店的實況，這段創業故事和店長平易近人的個性吸引了許多觀眾。

喜歡打小鋼珠的人除了自家附近的店，就連跨縣市的店也願意不遠千里去捧場。因此，看到影片對店長或那家店有好感的客人，即使路途遙遠也會特地前去消費。

尤其是在人口眾多的關東地區開小鋼珠店，像這樣在YouTube上傳影片的攬客手法，委實高明至極。

而且，小鋼珠店是典型的完全競爭市場（perfect competition market）[25]，每家店都有相似的機台，差異只在小鋼珠的開出數量。近來因為政府的規定日趨嚴格，原本的賭博性質變得薄弱。

這麼一來，在小鋼珠店這樣的業界，尤其是與大資本較量時，店主以怎樣的心態經營自己的店，就成了與他人拉開差距的關鍵。而且店主與員工營造出來的和樂氣氛，也會促使客人想去消費。

不過，對有憂鬱症的人來說，經營小鋼珠店壓力太大，所以我不建議做這樣的生意。不過，運用這位YouTuber的戰略販賣其他商品，倒是值得一試。

尤其是「免費獲得」的東西，如果有這樣的故事，就能為這個東西增加新的附加價值販賣。下一章將為大家詳細說明，憂鬱症的人創業時盡量不要花錢。因此，如果是免費得到的物品，嘗試這種銷售方式也是不錯的選擇。

正因為「寒酸」，所以才暢銷

「才不會有人關注如此寒酸的我……」

很多人都會這麼想。但事實真是如此嗎？假使真的沒人關注你，那也不是因為你寒酸，而是因為你不想讓外界看到自己寒酸的樣子，才會將自己侷限在「普通」、「平庸」的框框裡。

實際上，寒酸卻很成功的 YouTuber 其實很多，例如引起廣大迴響的七十幾歲高齡 YouTuber。不只是日本，就連韓國也有這樣的現象。另外，像是以自己沒工作，或是從事快撐不下去的自營業為噱頭，藉此吸引大眾關注的 YouTuber 也很多。

25 競爭充分且不受任何阻礙和干擾的一種市場結構，每一個消費者或廠商都是市場價格的被動接受者，對市場價格沒有任何控制力量。

當年我看到當時很缺錢的YouTuber「快撐不下去的自由工作者airi醬」，發現她其實長得很漂亮，於是馬上連絡她，請她參與拍攝我的補習班影片。如今，在我的補習班影片中，點閱率最高的就是airi醬的影片。「快撐不下去的自由工作者airi醬」因此賺了一些錢，如今在六本木的「Bar三代目」擔任店長。各位有機會可以去那家店看看，本人比YouTube上還漂亮喔。

整天睡覺為何還能持續吸引客人上門？

德國精神分析心理學家埃里希・佛洛姆（Erich Fromm）在其著作《逃避自由》（*Escape From Freedom*，繁體中文版由木馬文化出版）中，以納粹為何能獲得如此強大的權力為主題，留下這樣一句話：

「人們著迷的不是力量的正當性，而是力量的強大。」

我認為這是對所有生意極具啟發性的一句話。

假如你的廚藝和普通人差不多，或是沒吃過豪華大餐，你分得出誰的廚藝好，誰的廚藝差嗎？假如你的美容技術和普通人差不多，或是沒去過專業美容中心，你分得出誰的技術好，誰的技術差嗎？坦白說，我認為應該分辨不出來。

此時，人們會以什麼標準來判斷料理美味與否、技術好壞與否呢？憑當下的氣氛。那個人很有名、那個人很厲害、那個人感覺很了不起，尤其那個人是自己花了錢的對象，即使覺得有些古怪最後還是會選擇相信，這就是人類的心理。

所以，**開始做生意的首要之務，就是在那一行變得有名。無須達到全國皆知的程度，但至少要讓想接受該服務的人，在Google或Yahoo!、YouTube、推特、Amazon搜尋時，一定可以看到你。**這一點非常重要，請讓自己先達到這樣的狀態。這麼一來，就算你整天躺著睡覺，也會有客人一直上門。

即使是技藝普通的廚師或美容師，只要有名即可。品質好壞其實只有少數內行人才知道，先打響名氣比較重要。

等生意變好，你無法獨自一人經營事業的時候，就必須把客人交給其他員工負責。此時為了避免發生客訴，你必須培養素質極好的員工，訓練員工學會高超的美容技巧或廚藝。正是因為重視員工素質的培養，我的補習班才能開發出無論數量或品質都遠勝其他競爭對手的教材。

藉由影片營造「安心感」的維修服務

而且，YouTube頻道還能營造讓你在差異較少的業界中贏過其他競爭對手的「安心感」。

舉例來說，iPhone的螢幕破了需要修理，你會找誰呢？

把重要的手機交給不熟的公司，如果對方弄壞或修不好，再怎麼後悔也來不及。想當然耳，你一定會找相信對方能夠修好的人吧。

「如果是這個人一定能修好」，這個評價的根據來自「數據」。如果你是iPhone的維修業者，應該會修理所有型號的iPhone吧。建議你將維修的過程全程拍下來，標註好型號後，將影片上傳到YouTube，同時也傳給客人。光是這麼做，擔心手機在送修時會不會壞掉的客人就會安心不少，也會覺得你是誠實的業者，對你產生信任感。說不定還會感動得向其他朋友推薦你（我的補習班免費公開所有的上課影片，經常有客人看過影片後介紹給朋友，然後和朋友一起加入我的補習班）。

即使是其他廠牌的智慧型手機、電腦、汽車之類的維修，也一定要拍下維修過程，標註型號並上傳影片。光是這麼做，即使每則影片的點閱次數不多，也會有源源不絕的客人主動上門。因為客人用型號搜尋時，出現的只有你的影片，哪怕影片的點閱次數再少，對方也會覺得只能找你幫忙，或是想找你修理。知道有人會修理和自己同款的手機、電腦或汽車的相同問題，這樣的安心感一定會讓你想要委託對方修理吧。

這個做法稱之為「長尾理論」（The Long Tail Effect）[26]。**儘管最初只有少許的需求，也要將那些需求統統一網打盡。這麼做能讓你不斷擊敗厲害的公司。**千萬別小看這樣的做法。持續累積微小的No.1，之後就會成為巨大的No.1。大公司的正職員工很少遭遇公司倒閉的問題，所以不會特地做這種麻煩事。正因如此，只要你能貫徹這個做法就會有勝算。等事業步上軌道之後，將相同工作交給員工去做，公司也能順利營運。

能運用「長尾理論」的生意最厲害

可以運用長尾理論的生意還有很多，其中最具代表性的有財務分析（企業分析）或是音樂、插畫、繪畫等。接下來讓我們來思考如何將這些領域與生意連結起來。

首先是財務分析（企業分析）YouTuber，我認為這個領域無論採取哪種形式都會成功。光是日本國內的上市企業就有四千家左右，加上海外企業更是多達四萬家。只要針對那些公司製作財務分析的相關影片、網頁或書籍，必然會吸引一定數量的客人。

而且，一般預測日本國內的產業今後將逐漸衰退，因此投資海外企業的需求極大，偏偏那些企業的資訊又難以獲知。擅長英語或中文、韓語，或是掌握財務相關資訊的人，若是能設計出將海外的當地資訊翻譯成日文，並加以分析的程式，就是非常棒的商機。

而且，財務分析（企業分析）YouTuber最有力的收入來源，是客製化的企業分析。對於打算收購海外企業的公司來說，程式製作的十萬字分析報告應該不夠，或許會想要更加詳細的一百萬字報告。像這樣的需求，就不會只是一字一圓的便宜行情，而是一字十圓總價高達一千萬圓，若能夠獲得業界一定程度的信

26 美國雜誌《連線》（*Wired*）主編克裡斯．安德森（Chris Anderson）於二〇〇四年發表，意指原本不暢銷、沒有市場、不受歡迎的小眾產品，只要時間夠長、銷售通路夠強大，也能與暢銷商品抗衡，累積的總收益甚至超過主流產品的現象。

賴，一字一百圓的一億圓訂單也並非不可能。

音樂或繪畫也是如此，皆是能夠套用長尾理論攬客，再接客製化高單價訂單的領域。

以音樂為例，古典樂的曲目很多。上傳演奏古典樂的影片，如果有人喜歡你充滿感情的演奏或樂曲編排，再加上愛好古典樂的大多是有錢人，或許會要求你提供原創的樂曲。像這類的需求，如果對方真的非常中意你的演奏，完全可以由你來開價。

繪畫也是如此。繪畫中有一個有趣的領域叫「名畫臨摹」。我曾去過中國深圳的大芬油畫村，那裡有近八千名畫工默默從事梵谷等知名畫家的畫作臨摹。如果和這些畫工簽約，拍下每個人作畫的樣子，再上傳影片讓全世界的人看到。顧客就可以選擇自己喜愛畫風的畫工，請對方以世界知名畫家的畫風幫自己畫肖像畫。我想這門生意應該頗有潛力。雖然目前因為新冠肺炎疫情而難以實行，等之後可以出國，應該值得一試。

至此，本章介紹了數種憂鬱症的人也能做到的創業計畫，其實除了這些點子之外還有許多。

在尋找創業計畫的靈感時，「觀察」至關重要。去便利商店或超市也好，觀察怎樣的商品賣得最好（架上的陳列空間很大）、其包裝是怎麼用Illustrator或Photoshop做出來的、上頭有怎樣的宣傳文案、主打怎樣的功能或價值、含有哪些成分、從時間順序來看有怎樣的流行趨勢……光是觀察並思考這些問題，原本只是單純逛便利商店的行為，就能變成讓你賺到錢的行動。

在日常生活中養成觀察的習慣，有助憂鬱症的人找到自己也能做到的創業計畫，請各位試著「適度地」努力看看吧。

本章總整理

- 憂鬱症的人請找「盡可能在家完成所有工作」的生意。
- 找出無須每日埋頭工作的生意。
- 活用 Amazon、Google、YouTube 幫自己創業。
- 找出小眾的需求或不滿。
- 用「自己做起來毫不費勁的事」賺錢。
- 在自己想做的業界打響名號。
- 養成在日常生活中隨時觀察商機的習慣。

第5章

創業時
哪些錢「不能付」？

憂鬱症的人「不能付」的十種錢

前幾章大略介紹了憂鬱症也能存活的創業方法，接下來的章節，我將針對經費的使用方式、幹勁管理、經營戰略、包含自己在內的員工管理、過去的成功事例，以及社會整體的觀點，從多元的角度來具體檢視憂鬱症患者的創業，希望能幫助大家更深入地思考「憂鬱創業」。

本章要說明的是憂鬱症的人在創業時的經費使用方式，希望可以成為各位的參考。

別為了付房租而工作

首先，憂鬱症的人在創業之際必須注意的是——**刪減固定支出**。

為什麼必須刪減固定支出？因為憂鬱症的人狀況時好時壞，工作進度容易延誤。如果從事必須不斷支付固定支出的生意，在無法穩定獲得預期收入的情況下，支出卻仍要照付，這麼一來遲早會破產。因此，憂鬱症的人在創業時，首先必須刪減的就是固定支出。

在可預期的固定支出中，「房租」占最大比例。員工不看好公司時會主動辭職，但物件可不會。假如一開始就租了不符合身分的物件，你會覺得自己簡直就是為了付房租而工作，因此必須盡可能刪減房租的支出。以我自身來說，在每月營收超過一百萬圓之前，我都住在月租三萬圓的公寓，即使後來經濟情況較寬裕，依舊**努力將房租支出的比例控制在每月營收的三%以內。即使收入暴增，也會注意不讓房租超過每月營收的五%**。

連對自己居住的地方都有這樣的成本意識，開設實體店面完全不在我的憂鬱創業選項之內。其實，從如今的創業環境來考量開設實體店面，開在東京附近未必是最好的選擇。至少在一都三縣（東京都、神奈川縣、千葉縣、埼玉縣）的範圍內，你所能想像得到的生意，實體商店幾乎隨處可見。那些店家已經在各地區落地生根穩穩賺錢，你的店想要從中脫穎而出非常困難，因此我不建議各位經營實體店面。

運用網路從事能夠回應特定族群需求的生意，你才有贏面。正因為實體店面受限於地點無法應對那些特定族群的零碎需求，網路商務才有無限的商機。

花錢打廣告只會讓你不思長進

其次，憂鬱症的人也不能付「廣告費」。理由和前文相同，支出必須百分之百如期支付，但收入未必百分之百如你的預期入帳。而且，考量到憂鬱症患者的身體狀況時好時壞，更應該控制廣告費的支出。

前文也提過，至今我在Google和Yahoo!砸下數千萬圓的廣告費。曾經用過這些廣告的人應該都知道，無論是Google或Yahoo!的廣告，都充滿了讓客戶砸更多錢的陷阱。例如：「貴公司的競爭對手下了更多廣告費喔！」像這樣出言煽動你花更多廣告預算，甚至連沒必要的關鍵字都打廣告，導致你實際花費的廣告支出超出當初的預算許多。考量到這樣的陷阱，你更不該出錢打廣告。其實，我自二〇二〇年六月起就停了所有付費廣告，但營收並未因此減少，再加上其他經費的抑減，營業利益成長為三倍，存款也在半年之內翻倍增加。

不應該花錢打廣告的理由還有很多，以下為各位大致說明。

首先，關鍵字廣告的CP值逐年下降。假如你要去旅行，現在你會用什麼來搜尋旅遊地點的資訊呢？上搜尋引擎查資料，看了那些根本沒實際去過的人寫的文章，結果吃足了苦頭。你是否曾有過這樣的經驗？我就有過。所以現在查旅遊資訊時，我一定是上YouTube查。因為YouTube上面全是影片，沒實際去過的人不太可能偽造影片。更何況，擅長資訊判斷的現在年輕人也不流行用搜尋引擎查資料了。

此外，這也是我的個人經驗，付費打廣告之後，即使自家服務的品質不佳，還是能吸引一定數量的客人。這其實不是一件好事。**像這樣子，服務品質既沒提**

升也沒賺到錢，一直得過且過混下去，只會讓你自我催眠目前已經很好，安於現狀從此不思長進。

此外，想靠打廣告來擴大事業，祖傳家業或許還行得通，若是跨進新的事業領域，花錢打了廣告卻因沒什麼成效而收手，這樣的情況一再重複，到頭來事業非但沒擴大，就連錢也沒存到。我自己是過來人，也曾落入這般窘境，痛苦掙扎了好長一段時間。事業沒擴大還不要緊，沒存到錢就真的很慘。因為憂鬱症的人不知何時沒辦法工作，確保存款可以持續增加相當重要。持續不斷製作並累積影片的話，在不知不覺之間擴大事業，這樣豈不是更好。

不打廣告就得想其他方法，否則客人不會上門，如此一來創業者才會有危機意識。後文將詳細說明，我個人對過度依賴幹勁的做事方式抱持懷疑的態度。畢竟憂鬱症的性格特徵就是愛操心、容易沮喪，有效活用這些看似負面的優點，時常抱持著危機感，趁有精神時卯起來創作內容，建立吸引客人主動上門的自動化機制才是關鍵。

事業規模還沒擴大前，先別雇正職員工

另外，在事業的規模還沒擴大太多之前（每月營業利益未超過一百萬圓），不要隨便將工作委託給別人。我自己的身體狀況也是時好時壞，想要擴大事業時，也會把工作交託給別人，可我認為**至少在開拓市場的階段，沒人比自己更能把工作做好**。

這無關能力的好壞，而是當事者覺得自己既然花了錢請人辦事，就會期望成果盡善盡美。過去我也曾委託別人幫忙開拓新市場，從未得到滿意的結果。所以我認為，至少在開拓新市場的階段，最好趁自己還有精神時努力工作。

不過，等到迎來客人不斷增加、營收持續提升的階段，雇用員工來協助處理營收的確是好事。不過，問題在於生意能否穩定地持續下去。因此，先別雇用正職員工，盡可能以兼職人員為主，待營收成長更多之後，再從兼職人員中起用候補幹部。後文我會跟大家說明，盡量雇用憂鬱症的人是比較好的選擇。

機會難得，在此我們一併思考如何穩定提升營收，如此一來才可以雇用正職員工。

首先，說到穩定提升營收的方法，近來倍受矚目的是人人搶著做的「企業對企業」（BtoB：Business to Business）[27]「軟體即服務」（Software as a Service）[28]的開發。不過，我對這樣的流程其實抱持著懷疑。至少對憂鬱症患者的創業來說，比起不容易分散客戶、光是一次失誤就可能致命的「企業對企業」商業模式，能以○．×％的單位來分散客戶，即使偶爾不慎失誤也不足以致命的「企業對個人」（BtoC：Business to Customer）的商業模式更為適合（但還是要盡量避免出錯）。

而且，撇除憂鬱創業這個假設，對於「企業對企業」的「軟體即服務」開發的前景，我個人也是存疑。因為是按月收費的訂閱（subscription）模式，供給方往往預期自己可以達到穩定的收益，但站在使用者的立場，則是會不斷取消自己不需要的服務。當然，訂閱應該以「顧客可以永續利用的服務」作為最終目標，但一開始就過於拘泥這一點，恐怕無法達成應有的顧客滿意度。

以我自己的事業為例，使用者與補習班之間的合約大概是三個月至數年左右，使用者只要考上志願學校就會解約，但影片、書籍或講義等內容創作會半永久地吸引新的顧客上門，如願考上志願學校的學生也會介紹很多新客人。而且，因為有之前製作的教材為基礎，我們還能持續開發出新教材，因此補習班的業績成長應該和續訂率高的訂閱服務差不多。**基本上，在創業這件事上，我對眾人都說好的風潮全都抱持懷疑態度，我認為以自己的腦袋思考，再據此實現最接近理想的狀態，這麼做更有益自己的心理健康。**

27 企業之間透過電子商務的方式進行交易。

28 這是一種軟體交付模式，在這種模式中，軟體僅須透過網路，不必經過傳統的安裝步驟即可使用，軟體及其相關的資料集中代管於雲端服務。

影印機會吃掉你的營收

聊到經營補習班這件事時，多數人都感到驚訝的是，影印機的成本竟高達營收的一〇%左右。正所謂「聚沙成塔、積少成多」，這類成本可別輕忽。因此，千萬不要租借影印機。除了單純的憂鬱症之外，有些人罹患的是躁鬱症，這樣的人也不能租借影印機。需要使用影印機的話，就到超商花個十圓印一張吧。這麼一來，自然就能鍛鍊你的成本意識。

前面提過，如今新創業界盛行「企業對企業」的「軟體即服務」的開發。只要進行開發，之後就能按月收費有錢入帳，因此人人競相開發「軟體即服務」，搶著分食這塊大餅。但這一點同時也是近來新創業界的窘況。當你拖著一身的疲累坐上計程車，會看到多得數不清的這類廣告，奉勸各位不要導入這些公司的服務，那些服務就算不使用也沒差。

在營業利益達到每月一百萬圓之前，完全不必導入這類服務，等你的事業已經成長到那個規模，即使對方說：「每個月只要九千八百圓喔。」也請回絕他：**「是喔，但這樣一年就要十二萬耶。」**這一點非常重要。請記住，積少成多！大腦因為憂鬱症無法好好思考時，經常會忘記這個重要的事實而隨便花錢。沒有比「積少成多」更有力的真理。切記，即使收入沒有增加，支出仍會一直增加。因此，**極力刪減支出真的非常重要**。

這世上有些「特別親切」的人會特地登門拜訪，向你推銷各種按月收費的商品。此時，請直截了當地拒絕對方：「我有憂鬱症！不要打擾人睡覺！大白天就這樣挨家挨戶地打擾人，我可沒那個閒錢付給你這種身心健全的傢伙！快給我滾！」拒絕個十次左右，對方就不敢再來了。

憂鬱症的人請賣不需成本的東西

因為很重要，請容我再三強調，憂鬱症的人容易發生這樣的情況：**支出必須如期支付，收入卻可能因為身體狀況不好而沒有進帳。**

因此，**盡可能控制開銷很重要**，請務必牢記這一點。控制開銷並且在狀態好的時候努力工作累積「勞動存款」，靠著這些累積持續吸引客人上門，自然會有收入進帳。

事業上控制開銷的重點在於，**販賣不需成本的東西**。不需要成本的東西其實很多。像美容中心、按摩院或補習班，自己一個人獨力經營的話，基本上不用花什麼成本。總之，一開始要以不需成本為前提，來決定自己要做什麼生意。

做生意其實不難，就是將營收最大化，成本最小化，僅此而已。即使是憂鬱症或注意力不足過動症（attention deficit hyperactivity disorder，簡稱 ADHD，又稱「注意力缺失症」），只要能做到這一點，你就比那些做不到的正常人優秀數百倍。請經常將「營收最大化」與「成本最小化」放在心上。雖說如此，狀況時好時壞之下，很難做到營收最大化。這方面正如前文提過的，先將目標設定在營業利益每月十萬圓，循序漸進增加至三十萬圓、一百萬圓，同時徹底實行成本的最小化。

貸款的壓力會拖垮你

目前為止都是從做生意的觀點，說明憂鬱症的人創業時應該注意的事項。接下來請大家跟我一起思考資金調度或資產運用、如何打發閒暇時間等問題，以及當手頭變得比較寬裕時，憂鬱症的人該如何理財。

關於憂鬱症患者的理財之道，務必以「支出一定得如期支付，但收入往往無法如預期進帳」作為前提。關於這一點，本章已再三強調。因此，憂鬱症的人千萬不可以「貸款」。

「貸款」是支出低於預期、收入超出預期的人才能享有的特權。可這樣一來，銀行或高利貸不就沒賺頭了嗎？從政府的角度來看，因為景氣在短期之內不會好轉，下至電視廣告或銀行窗口，上至國會、日本央行的政策決定全都大肆鼓吹國民融資。不過，從個人的角度來看，「貸款」仍是支出低於預期、收入超出預期的人才能享有的特權。可那些借了一堆錢的人當中，支出低於預期、收入超出預期的人簡直是少之又少……。

我那些經營者朋友中，不斷借錢來擴大事業，或是投資股票及不動產的人占大多數，他們經常問我：「你為什麼不貸款？」但我創業的目的一開始就是「自己的永續生存」，最近則是「自己和夥伴的永續生存」，所以沒有借錢的必要。我想今後也是。

而且，只要借錢投資就能夠穩賺不賠、一本萬利的好康，才疏學淺的我怎麼也想不到。後文也會提到，投資股票或不動產仍舊有其風險。在可以確實賺到錢的教育業界，如果是我自己做得來的領域，靠一己之力就能賺到錢，根本不用花到什麼成本。不過，如果是修改數學或英文作文這類需要有人幫忙的領域，就必須準備資金來雇用人才。但即使準備好資金，也不容易找到品質符合我的補習班需求的指導人才。最後，我只好靠自己來培育人才。也就是說，比起資金的調度，我認為人才的調度更加困難。

必須向人借錢才能做的投資機會，在我所處的教育業界著實少見。這個業界通常靠著事業所產生的利潤，就能順其自然經營下去。而且我做的生意其實獲利頗豐，至少就我個人的情況來說，實在無須跟人借錢。

此外，考量到憂鬱症患者的性格特質，借錢會讓我們感到憂慮，想要活得像自己（雖說憂鬱症的人如果活得像自己，可能會變得更陰沉），最好還是不要跟人借錢。

與其接受出資，還不如自己貸款

聽到「不要貸款」，有些大學生會問：「那可以接受出資嗎？出資的話就不用還錢……」但我認為不應該接受出資。說真的比起接受出資，我覺得貸款還比較好。

理由很多，其中一個理由是，出資一旦失敗，可能連一毛錢都拿不回來，正因為風險高，出資者自然會期待得到更高的報酬。

如果要我對某人出資，那我會期望獲得三年兩倍、十年十倍的報酬。雖然這是連專做高利貸的南街帝王[29]都會嚇一跳的超高利率，但我對事業追求的收益率就是這麼高。後文將詳細說明，倘若沒有這樣的收益率，花費心力經營事業也只是徒勞無功。

承受過高的期待，對憂鬱症的人不是件好事。憂鬱症的人責任感本就很強，受到那麼大的壓力只會想要一死了之。原本就已經有輕生的念頭，**借錢或出資可**

能會讓「死」這件事成為現實的選項，必須慎重考慮才行。一旦死了，就真的是得不償失。

投資本業好過投資股票

說到憂鬱症的人可以在家做的工作，有些人會問：「那投資股票如何呢？」這一點倒是因人而異，但我個人並不推薦。

其實我也曾經考慮過投資股票，還認真做過調查。那是二〇二〇年二月時的事，當時正好遇到新冠肺炎危機，造成股市暴跌。我調查國內外的股票，鎖定了幾支目標，甚至開了證券帳戶。

儘管如此，最後我還是沒買鎖定的股票。當時我預測股價至少會漲到兩倍，

29 出自日本漫畫《難波金融傳 南街帝王》（天王寺大原作，鄉力也作畫），主角萬田銀次郎在大阪的南街以高利貸為生。該系列漫畫曾改編為電影。

但仔細思考過後還是作罷。因為觀察二月新冠肺炎危機時的股市，我發現做好自己的事業反而能賺更多，而且是穩賺不賠。

這話怎麼說呢？當時政府發布緊急事態宣言[30]，以大企業為主推行遠距工作。在那個過渡期，許多大企業的上班族都宅在家裡偷懶，並未認真工作。因為他們也對未來感到不安，所以只要花少少的錢就能委託他們編輯大量的影片。這些影片有效地為我帶來客人，遠距工作閒在家的大企業員工製作的影片，為我帶來了極高的收益率。於是我停止以往花費數千萬圓打的廣告，即使不付費打廣告，客人依舊會上門。而且，四月到九月這半年之間，我的存款甚至還翻倍成長。

那麼，假如我當初買股票會變得怎樣呢？

首先，我不打算把所有財產都拿去買股票，頂多拿出十分之一做投資。查看四月至九月間的股價變動，我當初鎖定的股票，股價成長為兩倍。不過，比起利潤回收較快的影片集客，股票必須耐心等待才能獲利。而且，之後股價上漲的空間也有限。比起只要學會如何賺錢，之後就能賺進更多錢再投入生產，以此擴大規模的事業，成長有限算是投資股票的缺點吧。這麼一想，我能斷言當初投資本業的決定比投資股票更妥當。

狀況時好時壞的你，別貸款買房

那麼，投資不動產呢？其實，我認為**如果用現金買得起，購買不動產也不錯**。目前為止，我透過事業經營進行了各種投資。當中基本上沒有虧損的，就是對優秀忠誠、值得信賴的人才（我的補習班的畢業生，上大學後仍繼續留在補習班打工）的投資，以及打造讓這些人才舒服工作的職場環境所做的投資。這兩項投資的收益率都非常高。所以我認為**只要不是出於投機目的，容易導致內心不安**

30 日本政府「籲請」民眾配合，除了維持生活必要的情況外，不要外出。但法律中並無明訂罰則，即使不遵守也無法開罰。

的投資，購買不動產也是件好事。

不過，關於是否值得貸款去買不動產這一點，我仍抱持懷疑的態度。基本上，貸款等於是挪用自己未來所賺的錢，但我覺得沒有比「將來賺的錢」更不可靠的東西。**尤其憂鬱症的人狀況時好時壞，最好還是別指望將來的收入。**

別隨便花錢買東西犒賞自己

另外，每當發生開心的事就花錢買東西，當作「給自己的犒賞」，這樣隨意的花錢方式我其實很反對。在我非常喜歡的繪本《小熊維尼與蜂蜜》裡，小熊維尼一邊告訴自己：「再一點點就好，再一點點就好。」最後忍不住把蜂蜜都吃光了。大多數的消費也存在著相同的陷阱。

我認為人類分為兩種。一種是把消費當作開心事的人，多數人都是如此，但就我所知，這類型的人很少過著富裕的生活（繼承大筆財產的人除外）。

另一種則是以生產為樂的人。這種人不管大環境的經濟狀況如何改變，通常都能擁有不錯的收入，過著衣食無缺的生活。因為他們不太會亂花錢。各位也應該把「以生產為樂」當作目標。

本章聚焦於「憂鬱症的人不能花的錢」這個主題。錢這種東西，比起怎麼賺，難的是如何活用使其增加。懂得思考如何用錢，是事業永續發展不可或缺的關鍵。

在下一章，我將針對創業時應該如何管理自己的幹勁，為大家進行具體的介紹。

本章總整理

・憂鬱症的人不能付「房租」、「廣告費」、「人事費」和「成本」。
・憂鬱症的人不能租借「影印機」。
・憂鬱症的人不能「貸款」和「投資股票」。
・憂鬱症的人不要接受「出資」。
・憂鬱症的人不要「貸款買不動產」。
・憂鬱症的人不能隨便花錢當作「給自己的犒賞」。

第6章

憂鬱症的「幹勁」管理

憂鬱的你要靠「微弱且起伏不定的幹勁」活下去

本章想和各位聊聊憂鬱症患者的幹勁管理。我其實不喜歡「幹勁」這個字眼，不管有沒有幹勁，都應該時刻抱持危機意識，趁狀況好時心無旁騖地埋頭工作。可憂鬱症的人體力較差，難以應付龐大的工作量。那麼，憂鬱症的人該怎麼做，才能靠著「微弱且起伏不定的幹勁」順利完成工作呢？

如何讓人覺得你「幹勁十足」？

首先，讓我們來聊聊憂鬱症的人該怎麼做，才能讓自己「微弱的幹勁」在他人眼中看來「幹勁十足」。

要放大自己「微弱的幹勁」，重點在於：**「零邊際成本」**和**「錯覺資產」**。

接下來依序為各位說明這兩個關鍵。

先來談談「零邊際成本」這個概念。所謂的「邊際成本」（marginal cost）是「每增產一單位的產品所增加的成本」。

以具體例子說明：經營個別指導補習班時，每一堂指導課程增加一個小時，員工就必須多工作一個小時。然而，如果拍好課程的影片上傳至YouTube，再請學生自行上網觀看，以這種形式增加一個小時的課程時間，由於YouTube不管一個人或一百個人來看，上傳影片的成本都一樣，此時的「邊際成本」就是零。

同樣地，做好App再請顧客使用，以這種形式增加顧客的話，無論是一個人或一百個人使用，付出的成本都一樣，「邊際成本」就會是零。

像這樣子，因為憂鬱症的人無法長時間工作，選擇「零邊際成本」的世界作為戰場，藉此放大自己「微弱的幹勁」，是非常重要的一件事。

另一個重要概念是「錯覺資產」。創立一家股票上市公司的怪物級部落客fromdusktildawn（ふろむだ）在其著作《錯覺資產：比起運氣和實力，「讓人誤會的力量」才決定一切！》（繁體中文版由平安文化出版）中詳細說明了這個概念，有興趣的人不妨一讀。「錯覺資產」是指巧妙控制「別人對你的期待值」，藉由出書、在YouTube或電視上露臉，營造自己「很厲害」的形象，藉此讓工作變得更輕鬆容易。

而憂鬱症的人最能快速收效的方法，就是取個威風的名字。例如，我有個經營酒吧的朋友就自稱「了不起的店長」。因為名字聽起來很威，即使這家酒吧有什麼不足之處，基本上大家都會睜一隻眼閉一隻眼。

至於我的補習班雖然名叫「每日學習會」，其實我並沒有每天長時間工作（身體狀況差的時候，只花個十分鐘送出班表，將工作分派給員工之後，就一直躺著休息），但這個名字還是給人一種每天熱心教學的感覺吧。實際上是由當天精神狀況好的員工輪流用心指導學生，其實也算是「每天都很熱心教學的補習班」，並不是掛羊頭賣狗肉。

除此之外，像是出版很多參考書、上傳大量影片到YouTube、在網站上大量發文，如今我又寫了這本書，假如書大賣了還有機會上電視，像這樣不斷增加「錯覺資產」。這也是活用「微弱的幹勁」，讓自己看起來「幹勁十足」的關鍵。

根據精神的起伏，選擇要做的事

不過，無論是出書或上傳影片到YouTube，仍須花費時間與精力工作。那麼，憂鬱症的人該如何完成如此大量的工作呢？接下來就讓我們一起思考這部分的問題。

首先，憂鬱症的大前提是**「沒精神時不要工作」**。這一點就和新冠肺炎防疫對策一樣，在疫情尚未完全控制之前，匆促行動只會導致問題更加嚴重。所以，讓身體狀況恢復是優先事項，其次才是工作。還有一點要注意的是，工作時千萬別去思考「幹勁」或「動力」之類的事。

還沒動手工作就在意起「今天的我有幹勁嗎？」、「今天我的動力夠嗎？」很容易得出「今天沒什麼幹勁，還是明天再做吧……」、「今天實在沒動力，工作等明天再做吧……」之類的結論，實在不是什麼好事。**重點就是，別去思考幹勁這種事。如果覺得精神尚可，至少不是無法工作的狀態，就先去做該做的事。**

一項工作處理好以後，接著再處理第二、第三項，什麼都別多想，專注在該做的事情上即可。這一點非常重要。一旦中途停下來休息，原本的工作節奏就容易中斷，導致休息時間拉長。因此，**什麼都別想，專心將工作一項項處理完就對了**。

請各位務必重視「什麼都別想，專心將工作一項項處理完」的節奏。如果是「灰鬱型」憂鬱症患者，只要不是身體狀況差到真的無法工作，應該都做得到。總之，什麼都別想，全心處理手頭上的工作，直至體力耗盡為止。也許之後你會累得躺上個一兩天，即使如此也沒關係。因為你在一天之內做了雙倍的工作，隔天就算睡個一整天，整體來說工作量還是和身心健康的人差不多，甚至比他們還要多。

總之，關鍵就是靠著「多做多睡」來贏過正常人的工作量和品質，同時活用「零邊際成本」和「錯覺資產」來提高別人眼中你的工作量。

刪除網路上的所有負評

此外，想要維持幹勁，最重要的就是**「在心中培養獨裁者」**。

網路上那些對我補習班的批評，如果是有理有據的意見就算了，若是沒憑沒據的誹謗中傷，我絕不會輕饒。因為我的事業就是鎖定競爭對手，然後擊垮對方，因此也常受到來自競爭對手的各種惡意攻擊。我在Amazon看到對自己書的不實評論就會向對方提告（我贏過好幾次，那些有問題的不實評論全都刪了）。即使是來自國外的留言，我也會使盡手段統統刪光，或是不讓那些內容出現在搜尋結果的第一頁。

像這樣子，「在心中培養獨裁者」，絕不允許敵人來犯。請各位也把「心中常存獨裁者」這句話當作口號，勇敢地還擊敵人無的放矢的惡意攻擊吧。

憂鬱症的人雖然容易感到沮喪，但對我來說，這些事就像是定期整頓環境的例行工事，如今我已經可以心平氣和地處理了。雖說負評中仍有值得學習之處，或有助於日後商品改進的建議，但倘若是無意義的言論，我會想辦法統統刪除或封鎖，不讓那些負評出現在搜尋結果裡，藉此忘掉那些惡意批評。

不過，人為何會受到批評呢？是因為做錯事嗎？也許有部分是如此，但大多數情況都是因為被批評的人處於弱勢。前文也曾提過，德國精神分析心理學家埃里希·佛洛姆說過：「人們著迷的不是力量的正當性，而是力量的強大。」原因在於人們害怕孤獨。比起一個人陷入孤獨，即使旁人說的話不合理，依然會大聲附和，這就是人性。因此，別人說的話聽聽就好，千萬別太當真。

況且，那些大白天就在YouTube、部落格、推特、Amazon的留言評論裡，長篇大論大肆批評的人之中，沒幾個是正經的傢伙。這種人本來無須理會，但如果有人被他們洗腦，可能會導致我的營收減少，因此我絕不原諒那些亂說話的人。我會一一揪出這些人，向他們提告。實際上，如果我的身分是原告，那些官司我基本上都可以自己應付得來。如果不請律師也能告贏，那就再好不過了。

「在心中培養獨裁者」能讓你不管聽到什麼都毫不在意，在不影響情緒的狀態下從容地應對。

每個月去旅行一個禮拜

憂鬱症的人在工作上，尤其是創業，以下幾點是我認為應該注意的事項。

首先，可以的話，建議你每個月出去旅行一個禮拜。去泡泡溫泉也好，不論目的為何，只要身體和經濟狀況允許，即使工作行程有些勉強，也要排出時間去旅行透透氣，這一點相當重要。這是我當初創業時沒做到的事，如今我深刻感受到其重要性。

憂鬱症是對事物抱持著扭曲看法的心理疾病，憂鬱症患者眼中的世界不同於身心健全的人眼中的世界。在憂鬱症的人眼中世界是扭曲的，所有事情都顯得消極且負面。其實有很多方法可以消除這種扭曲的想法，我個人推薦的方法有多寫文章，或是多拍影片。

此外，想要擺脫憂鬱症患者特有的狹隘眼界，旅行也是有效的方法。

從小學到高中，甚至是大學時代，除了許多學生加入補習班的創業後期，我經常有種被眾人排除在外的孤獨感，覺得自己與社會格格不入。然而，當我旅行世界各地，在東南亞親眼見到貧民窟的慘狀，和投資不動產的友人在羅馬散步時被人用ＢＢ彈攻擊，親身體驗過人生百態之後，我開始懂得感恩自己的境遇。

之所以能像這樣重新檢視自己的人生，旅行中的經驗是關鍵。憂鬱症的特徵之一，就是一旦遭遇瓶頸就會不知所措。因此，請你將每個月一週的旅行當作義務，試著實行看看。

憂鬱症的人**在擬定旅行計畫時，千萬別把行程排得太滿**。請記得你不是超人**！**這樣的自我認知非常重要。

決定好要前往的目的地之後，就祈禱自己可以順利出發。等抵達目的地後，有精神就去逛逛美術館等景點。如果沒什麼精神，待在飯店裡睡覺也無妨。先前我去羅馬、巴黎的時候，因為沒什麼精神，雖然同行的朋友到處跑，我也只是一直窩在飯店裡。

或許有人會想，這樣的旅行到底哪裡有趣？其實一直窩在飯店裡也挺有意思的。畢竟人即使什麼都不做還是會肚子餓，所以我會去超市買奶油乳酪或莫札瑞拉起司、生火腿，還有許多日本很難買到、無添加防腐劑的紅酒，好好喝個過癮。其實這樣就很有趣。

而且，羅馬因為經濟不景氣，那些《米其林指南》上推薦的披薩店或麵包店、義大利冰淇淋店，若是開在治安較差的特米尼（Termini）車站附近，花個一歐元（約一百二十圓）就能吃到。光是為了填飽肚子起床外出散個步，看到滿街的羅馬競技場和世界遺產，就已經足夠有趣了。

憂鬱症的人經常有輕生的念頭，可一旦在羅馬那樣治安差的城市被人用ＢＢ彈射擊，瀕臨生死關頭，反而覺得不想死，有助激發憂鬱症患者最缺乏的生存本能。從這層意思來說，旅行是非常棒的一件事。

現在雖然因為新冠肺炎疫情無法出國旅行，到新宿的新大久保車站（韓國城）或埼玉縣川口市的西川口車站（中國城）這些異國料理餐廳聚集的地區，一整天盡情大吃也很棒。新宿車站周邊也有不少正統的中菜餐館，我很享受在那些店裡痛痛快快大吃一頓。當憂鬱症嚴重到幾乎喪失味覺時，根本無法享受到這樣的樂趣。等身心狀況恢復得差不多，看著喧鬧的街頭上熙熙攘攘的人潮，甚至會覺得自己之前鑽牛角尖的事很蠢，是消除壓力的好方法。

不想動時，想躺多久就躺多久

儘管前面已經提過，我還是想再提一次。當腦袋因為憂鬱症而不清楚時，同一件事情若不想方設法反覆提及，就無法記住。教考生念書也是如此，總之就是不斷重複提及同一件事。各位以前在補習班遇到的那些「很會教學生」的老師，其實只是不斷重複相同的事。精簡重要的知識，反覆強調數十次、數百次，這就是補習班老師讓學生覺得其教學相當簡單好懂的真正原因。

我要再次強調，**「憂鬱症的人在創業時，如果覺得很累不想動，想躺著休息就去躺著」**。躺多久都沒關係。躺著不動的時候，別去想等精神恢復之後，要把今天沒做的工作全都補回來。沒必要那麼認真，只要躺著就好，因為那是當下的你最重要的工作。

等精神稍微恢復以後，也別去想「我要拿出幹勁好好打拚」之類的事，總之就是放空自己，一項項完成工作。等累了再去躺著休息。別去想之後要把這段時間的工作量補回來。總之就是躺著休息，靜待精神恢復的時候到來。

或許有人會質疑「像這樣一直躺著不動真的沒關係嗎？」如果是身處AI（人工智能）、AR（擴增實境）或VR（虛擬實境）這類與現今趨勢息息相關的業界，或是經營時尚部落格，必須對演藝圈的大小事即時反應，一直躺著不動的話，事業的確會岌岌可危。不過，這世上大部分的生意，尤其是網路商務，只要事前建好自動化系統，想躺著休息就能盡情休息，完全不會有任何問題。

正常人其實也沒多認真工作，你大可活得輕鬆一點

為何你會覺得一直躺著休息有罪惡感呢？因為世上其他人都在認真工作嗎？可事實真是如此嗎？

我有個從事特種行業的朋友。據她說，像酒店那樣陪客人聊天的服務業，因為新冠肺炎疫情受到很大影響，但一部分提供直接服務的店，生意卻相當興隆。大白天就能看到身穿西裝的上班族或神祕的自營業者接二連三湧入店內。世人就是如此，認真工作的人其實根本沒幾個，所以你也可以稍微放鬆一點。

說實話，憂鬱症的人只要認真工作個一天，接下來就算躺著連續休息兩天也不會餓肚子。

況且，現今日本有許多人總是一副沒睡醒的樣子，工作時經常恍神，幾乎沒人認真思考如何活用「零邊際成本」、「錯覺資產」等妙招，來讓自己微弱的氣力顯得拚勁十足。

其實，我就曾在酒店遇到一位擅長活用YouTube，因而聲名大噪的補教業老闆。聽說他一週只工作一天，雖然我很納悶那樣要如何經營補習班，但他如今已是在全國擁有超過三百家補習班的大老闆。

據說他只在YouTube上認真工作，平時若要找他，必須到新宿歌舞伎町才見得到本人。這世上也是有這樣的奇人呢。即使一週只工作一天，他的事業還是能順利經營下去，所以千萬別把經營事業想得太困難。

本章總整理

- 活用「零邊際成本」和「錯覺資產」，讓自己「微弱的氣力」在他人眼中顯得「拚勁十足」。
- 沒精神就不要工作，狀況不好時，想躺多久就躺多久。
- 狀況不錯時，別管「今天來不來勁」，專心將工作一件件處理完就對了！
- 每個月去旅行一個禮拜。
- 正常人也會偷懶，別因為休息而有罪惡感。

第 7 章

讓事業永續經營的訣竅

如何讓事業長久經營下去

接下來要和各位談談當憂鬱症的人事業步上軌道，每月的營業利益超過一百萬圓之後的事。商場即戰場，可沒那麼好混。即使事業步上軌道，其他生意人也是賭上身家在做生意。之前某一個時期，我的商業模式不但遭到同業抄襲，還被信任的員工背叛，整個事業和顧客差點就被偷走，倒楣的事情接二連三發生。如果要讓事業長久地經營下去，該怎麼做才能解決這些問題呢？

一般人追求以「最小努力」創造「最大成果」

前章提到某位擁有三百家補習班的補教業大老闆，他堪稱以「最小努力」創造「最大成果」的天才。看透事物本質與人類自卑心理的他，巧妙利用這些點，以「最小努力」創造出「最大成果」。除了補習班，他還以「加盟」、「轉職」、

「大學生活」這些乍看之下毫無關連的主題，成立多個 YouTube 頻道，每個頻道都有數萬人訂閱，可謂生意興隆。那位大老闆之所以懂得使用這樣的絕招，在於他對時代的變化相當敏銳，迅速掌握了先機。

那麼，我們也能使用同樣的招數獲得成功嗎？憂鬱症的人學得來嗎？我個人是學不來啦。每天在歌舞伎町飲酒作樂這種生活，有些人可以樂在其中，但我實在沒辦法，因為會覺得很累。所以，我們只能找出屬於自己的勝出方式。

那憂鬱症患者的勝出方式是什麼呢？

我要在此重申，**以「最小努力」創造出「最大成果」是身心健全者的工作**。一般來說，以「最小努力」創造「最大成果」的方法因為有效率，反而容易被人模仿。懂得掌握先機的人，一旦發現自己的商業模式被抄襲，就會趕緊找出其他賺錢門路，或是想出贏過對方的方法，靈活自如地改變戰略路線。但憂鬱症的人卻做不到，因為當下你可能處於身體狀況欠佳的狀態。

憂鬱症的人要以「最大努力」創造「最小成果」

考量到這一點，憂鬱症的人必須思考的是，**以「最大努力」創造「最小成果」**。以「最小努力」創造「最大成果」因為效率高，容易被很多人模仿，相反地，以「最大努力」創造「最小成果」這種費力的事，大部分的人都不想模仿。不會有人刻意自找苦吃，花費大把時間跟心力在不知能否賺錢的事上。如此搞不清楚狀況的人，一百人裡連半個都找不到。就「不會被模仿」這一點而言，反其道而行，以「最大努力」創造「最小成果」，可說是相當高明的戰略。

此外，以「最大努力」創造「最小成果」的優點在於，可以獲得品質好的客人。一般情況下，有眼光的客人向提供服務的業者要求的，往往是業者最不想提供的服務。因為這些客人想獲得的服務，大都相當費力而且伴隨著極大的精神壓力。

我希望自己能夠成為回應那樣需求的業者。因此，針對慶應ＳＦＣ（慶應大學湘南藤澤校區）小論文考試的解說，即使小論文的計分基準並不明確，我的補習班還是會以一分作為最小單位，根據過去的資料預測哪個項目可以得到多少分，將教戰守則傳授給學生。

另外，像慶應SFC英語這種國內最難考的英語測驗，多數補習班只會提供正確答案之所以正確的理由，卻不會分析錯誤答案為何錯誤，但我的補習班就連「錯誤答案為何是錯的」也會逐一詳細說明。

相較於我們所付出的「最大努力」，留意到我們在這方面所花的心思，覺得滿意而簽約的客人其實不多。因此，我們的「最大努力」得到的可說是「最小成果」。不過，藉由這樣無微不至的服務獲得的客人很少會解約。就算我們每個月的補習費比其他同業便宜，顧客終生價值（lifetime value，簡稱LTV，每位顧客在交易期間帶給企業的利益）還是會提高，而順利考上志願學校的客人也會介紹更多新客人來。

更重要的是，會留意到這方面的細節，因為滿意而簽約的客人，在學力或人品方面都是水準極高的好客人。光是擁有這樣的客人，就能減少服務業會遇到的諸多壓力，剛好符合「即使憂鬱也能活下去的創業方法」。

能否做到其他公司絕對不想做的麻煩事情，就是你是否可以勝出的關鍵。雖然我在本書公開了自己的致勝祕訣，請各位放心，其實我做的麻煩事情不止這個。例如在開發新教材時，我會比較市面上既有的教材，找出一百個應該改善的地方，並逐一實行。因此，不管發生什麼事，我都有把握絕對不會被擊垮。

正如觀察上市股票你會發現，那些強而有力的企業，其產品都經過無數次改良，這些堅持化為無數的技術優勢，最終為該企業帶來無數的資本。這些企業之所以能夠達成高獲利率或高淨利，理由就在此。我們也應該向這些優秀的企業好好學習。

身體狀況許可時，傾注靈魂仔細做好工作吧！

「身體狀況許可的時候，只要仔細做好每一件工作就能養活自己」，這是我在本書再三強調的事。多數憂鬱症患者為失業或裁員所苦，就連明天是否能溫飽也憂心不已。正因如此，我想「身體狀況許可時，只要傾注靈魂仔細做好每一件工作就能養活自己」這句話，對於恢復到一定程度的憂鬱症患者而言是一種安慰，正是這個念頭促使我寫下這本書（但狀況嚴重時務必躺著好好休息。若身邊的人有嚴重的憂鬱症，請不要拿這本書力勸對方工作，因為這樣的好意對當事人反而是一種痛苦）。

「身體狀況許可時，只要傾注靈魂仔細做好每一件工作就能養活自己。」

這句話意味相當深長，接下來為大家逐一說明。

首先，請注意「身體狀況許可時」這個條件，我的意思是身體狀況尚可的時候應該要工作。但狀況不好時，千萬別碰任何工作，好好休息才是你當下最重要的工作。

然後，「傾注靈魂」也很重要。或許你覺得這是一種迷信也無妨，但傾注了靈魂的工作與沒有傾注靈魂的工作，兩者的成交率截然不同。前者往往能創下近百分之百的成交率，而後者甚至連合約都拿不到。是否傾注了靈魂在工作上，差別就是如此大。

那麼，所謂「傾注靈魂」指的是什麼呢？以我的情況來說，就是站在學生的角度思考，讓自己與學生合而為一。倘若無法站在學生、上榜者的立場，深入理解他們的狀況與需求，像我們這樣沒有實體教室，只在網路設立的線上補習班，根本無法吸引學生。線上補習班本就容易給人可疑的感覺，所以你必須更努力地消除對方心中的疑慮。在構思自己所能提供的服務之際，首要之務就是站在使用者的角度思考。我之所以會寫這本書，正是因為自己完全可以理解憂鬱症患者的想法。

「仔細做好每一件工作」又是什麼意思呢？關鍵在於「仔細做好」的標準。所有你能想像得到的方面都要贏過對手，這一點自不待言。這本就是你應該達到的基本水準。此外，讓顧客看過一次就想委託你，能否讓對方當下產生這樣的想法是成交的關鍵。倘若你的服務仍讓消費者感到猶豫，想要看過其他公司之後再做決定，就絕對無法拿到合約。因為其他補習班有氣派的實體教室或辦公室，我們卻沒有。在消費者對我們產生興趣、前來觀看影片的階段，倘若無法一舉留住對方的心，事業就岌岌可危了。

最後的「能養活自己」是什麼意思呢？正如前面所提過的，先從「每月營業利益十萬圓」開始，逐漸增加至「每月三十萬圓」、「每月一百萬圓」，唯有達到這個程度的收入，你才能開始存到錢。憂鬱症的人不知道何時會變得「一無所有」。你是如此，當然我也是。所以，我們必須做好無論發生什麼事都能養活自己的準備。

想要認真工作個一年就能存到勉強維持十年生活的存款，必須仰賴現金、YouTube、書籍、搜尋引擎最佳化（SEO）等各方面的「存款」才能達成。請各位務必記住這一點。對於被政府機關和大企業摒除在外的憂鬱症患者而言，存款是我們唯一的救贖。

「做喜歡的事活下去」的首要條件

「做自己喜歡的事活下去」這句話曾在日本紅極一時，還被YouTube拿來當作廣告宣傳文案。我對這句話的概念也深表認同。想要活得沒壓力，就必須做自己喜歡的事。做喜歡的事養活自己，有助減輕許多生活上的壓力。

不過，做喜歡的事養活自己，有一個極為重要的條件，就是你是否能肯定回答這個問題：「你自認喜歡的事，真的是自己喜歡的事嗎？」

大多數的情況是，你自認為喜歡的事情，其實只是為了迎合世人的喜好。即使是再聰明的人，對許多事物仍然抱持著錯誤的刻板印象，例如：「慶應大學的男生很好色」、「英雄難過美人關」。然而，多數的慶應男大生其實並不好色，很多人甚至不愛與人互動。但世人的刻板印象往往一竿子打翻一船人，我認為這正是引發嚴重社會問題的原因。

因此，創業之前你必須再三確認「你自認喜歡的事，真的是自己喜歡的事嗎？」然後，將你真心喜歡的事當作事業來經營。對於精神衰弱、抗壓力低的憂鬱症患者來說，更該如此。因為憂鬱症的人內心並沒有強大到可以為了錢去做討厭的事。

憂鬱症的我為何會想把修改小論文當作本業呢？因為我非常喜歡看書寫作。身體狀況差的時候，寫作對我而言是相當大的負擔，但修改小論文的負擔比起寫作輕鬆很多。最重要的是，修改小論文還能交給員工處理，這也是我將這個工作當成本業的最大理由之一。

我曾經一天花超過一萬圓買書，而且隔天早上就將買來的書全都讀完，算是「重度閱讀者」。而且我也很喜歡寫作，在寫這本書時，幾乎三天三夜沒闔眼。一天寫三萬字，三天共寫了九萬字，再精減至七．五萬字。之後又花了一天的時間增加二．五萬字。因此，閱讀、寫作對我而言簡直就是天職。只不過負擔實在很大，有時會做不到。因此，我把修改小論文當成本業，寫作當成副業，如今看來，我自認這是非常棒的選擇。

挑世人不待見的行業來創業

其實，補習班的經營者在一般社會大眾心中的觀感並不佳。補教業的整體形象本就不好，又因這個業界裡有許多與社會格格不入的人，容易給世人「暗黑產業」的強烈印象，我就不只一兩次聽到別人當著我的面批評補教業。

不過，我卻認為這樣很好。如果補教業是明星產業，競爭就會變得更為激烈，如此一來，我就無法從中脫穎而出存活下去。因此，我由衷地認為「幸好補教業是社會風評很差的暗黑產業」。

因為這個業界本就是不被世人期待的產業，只要稍微認真一點工作就能得到肯定。當初考大學時我沒有補習（因為身體狀況差，沒辦法去補習班上課），是靠自己念書考上大學，因此我根本不清楚補教業是怎樣的產業，完全是以門外漢的立場，有樣學樣地經營起補習班。如今回想起來，我還真是幸運。投身這個業界之後我才明白，這真是個充滿謊言、亂七八糟的業界。有些競爭對手竟膽敢宣稱「慶應上榜率一〇〇％」、「慶應合格率九九％」，簡直就是詐騙！所幸顧客們的眼睛是雪亮的，這些補習班在新冠肺炎疫情的衝擊下不得不馬上收手或縮減規模。所以說，這個社會還是有公理的。

正因為是這樣的業界，優秀的人才不會把補習班當作創業的選項，委實是萬幸！因此，像我這樣的人才能夠存活到現在。希望今後的補教業除了我的補習班之外，能繼續保持這樣優秀人才不願意加入的狀態。

別在意「別人怎麼想」，重點是「自己能否活下去」

憂鬱症的人容易過度在意他人的看法。不過我認為別人怎麼想，對自己是否能賺到錢根本沒幫助，實在沒必要太在意。世人的評價天天都在變，只要你認真工作，即使曾有過負評也都可以補救回來。

別人怎麼想你根本無須在意。顧客的想法當然重要，那是因為顧客會付錢給你。至於那些不會付錢給你的人就隨他們去吧，**無須理會那些不會付錢給你的人。**憂鬱症的人往往會把事情想得過於嚴重，減少思考的事情，正是減輕壓力的關鍵。

憂鬱症的人創業時，起初只會思考「使用者人數」。這是正確答案！在還沒賺到錢的時候，有人看你的YouTube就要覺得開心，有人看你的網站就要覺得慶幸，有人買你的書就要覺得感恩，因為這些全都是好的開始。有人願意花比金錢還要寶貴的時間在你身上，真的是一件值得感謝的事。

然後，為了讓對方使用你的服務，必須盡力做好你能做到的所有事。自己能透過服務獲得多少錢並不打緊，只要評估顧客樂意付出的最大金額，以及自己可以餬口的最低金額，兩者調整一下，收支大多能夠平衡。此時你若急於提高營收，就必須討好部分的客人，可如此一來就會失去「工作沒有壓力」的初衷。因此，**一開始先增加使用者人數，由衷感謝前來瀏覽網站或觀看影片、買書閱讀的**

人，並努力增加願意花錢在你身上的客人，這才是最重要的事情。

絞盡腦汁思考「人們想要的是什麼？」

還有一件事也很重要，就是你對事業的「最大努力」一定要用對方向。

顧客想要的是什麼？根據顧客的水平，其需求也會出現極大的差異。

以考大學為例，成績好的客人想要的是考古題的詳細解說。但市面上既有的考古題解說集，解說大多非常草率簡單。只參考那些的話，很多好的大學根本考不上。

另外，像數理或小論文之類的科目，解答方式或答案不一定只有一個，詳細說明其他解答和各科的計分基準也很重要。至於英文，有的大學甚至會出程度極高的艱難考題。

前文也提過，針對這類問題，除了說明正確答案的理由，也應該詳細說明錯誤答案為什麼是錯的。正確答案的理由，即使是沒什麼實力的講師也能補充說明。因此，我的補習班會針對兩者用心製作詳細的教材，能夠充分活用這些教材的學生，多半可以考上早慶上智這些名校，提高我們補習班的上榜率。

此外，我會錄用為員工的人才，也都是這些曾經上過我的補習班，懂得充分使用教材的學生。也就是說，詳細解說考古題與其說是為了招攬顧客，其主要功能其實是為我的補習班找到合適指導人才的廣告，或是訓練這些優秀人才的研修教材。

不過，光是這樣無法確保充足的顧客數量，尤其是像我這種鎖定小眾入學考試的補習班。

此時需要的是，以成績中後段的顧客為主的行銷。這個族群分為能閱讀長文的人與不能閱讀長文的人。能閱讀長文的人，就讓他們閱讀有關考試技巧的長篇文章；無法閱讀長文的人，就讓他們看YouTube每日更新的考試技巧教學影片。

當然，這個族群中也有經過不斷努力最終考上早慶上智的人。即使無法考上早慶上智，我們也會盡力找出每個顧客的優點，指導他們考上關關同立[31]或MARCH[32]之類的名校。

這個族群提供了讓我得以維持事業的營收，並創造了少數的早慶上智上榜率，以及大量的關關同立和MARCH上榜率。

此時的重點在於，真心理解「客人真正想要的是什麼」。雖然我的補習班專攻早慶上智，但來我補習班的學生當中除了「無論如何一定要考上早慶上智」的人以外，也有「希望至少能進關關同立或MARCH等名校」的人。唯有找出每位顧客心中真正的需求，我們才能盡可能提供協助他們實現心願的服務。

老實說，做生意時在某個月迅速賺到一百萬圓以上並不是難事。可是，想要

31 日本關西地區四所頂尖私立大學的合稱：關西大學、關西學院大學、同志社大學、立命館大學。
32 日本東京的五所頂尖私立大學的合稱：明治大學（M）、青山學院大學（A）、立教大學（R）、中央大學（C）、法政大學（H）。

每個月都能穩定賺進超過一百萬圓並持續賺個十年，難度就大大提高了。我有幾個同為經營者的友人後來就黯然退出了業界，足以證明這件事的確不容易。

為了每個月都能穩定且持續地賺錢，提供良好的服務給顧客，讓顧客感到滿意，像這樣有利於自己、顧客及社會整體的生意，正是憂鬱創業永續經營的關鍵。

本章總整理

- 憂鬱症的人想要存活，就必須以「最大努力」創造「最小成果」。
- 身體狀況許可時，傾注靈魂仔細做好每一件工作。
- 把「真正喜歡的事」當成你的事業。
- 別在意「別人怎麼想」，重點是「自己能否活下去」。
- 絞盡腦汁思考「客人真正想要的是什麼」。

第8章

憂鬱創業「如何挑選員工」

憂鬱症社長請雇用憂鬱症員工

上一章說明了如何在變化激烈的商場上持續賺錢。為了讓事業穩定地經營下去，在面臨「來自外界的威脅」時，懂得守護自己的事業非常重要。接下來在本章，我想和各位聊聊如何應對「來自內部的威脅」，也就是防止員工奪走自家賺錢的事業。

憂鬱症社長被員工奪走事業的原因

首先，請記住這個大前提——創業即戰場。能迅速獲得成功的人很多，但讓事業持續順利發展下去的人卻很少。因此，即使找工作不順利、好不容易找到工作又被公司踢走，在就業這條路上遭遇不少打擊，建議你也別急著馬上創業。你應該先思考的是，如何避免創業之際可能遭遇的諸多難題。

創業有兩場仗要打，第一場是與外敵的仗，也就是和競爭對手的戰爭。有些市場沒什麼競爭對手，摒除少數的例外，想在那些市場賺錢並非易事。至於能賺錢的市場，或多或少一定會有敵手，而且在你創業的當下敵人就已經比你強。所以你必須一併考量這一點，思考如何贏過競爭對手，在業界中脫穎而出。關於這部分，書中已詳細說明過了。

那麼，等公司開始賺錢之後，萬一出現內敵該怎麼辦？關於這件事，本書尚未提及，卻是不容輕忽的重要問題。就我所知，就有不少補習班老闆因為被自家員工奪走事業，或是被員工挖走客人自立門戶，不得不退出補教界或倒閉，吃足了苦頭。

在此要和各位聊聊如何避免那樣的情況。

最重要的前提就是，**別雇用懷抱創業夢的人**。如果對方是心懷創業夢想的人，勸他趕緊創業比較好。大方地給予對方協助，幫忙介紹投資者或員工候選人。實際上，從我的補習班考上慶應的學生當中，很多人都是自己創業，如今事業有成的畢業生也不少，我非常羨慕他們。想創業的人，與其從事補習班這種賺不了多少錢的行業，他們更適合找出能賺到更多錢的事業盡早創業。

憂鬱症員工有那些優點？

我喜歡雇用的員工是，擁有創業夢以外明確目標的人。例如我現在的員工陣容中，就有以成為研究學者為目標，在國外研究所留學的人。這類員工真的很棒！比起進大學後突然做起創業夢卻不努力準備的「空殼子」大學生，他們認真致力於學習，也沒有一般人的世俗氣息，頗受學生好評。

而且，因為我們提供的服務以「修改」為主，包含憂鬱症在內有心理疾病的優秀人才，我都敞開雙手歡迎。關於這一點，除了我自身也有憂鬱症之外，還源自我過去的一段苦澀回憶。

那是我開補習班第二年時發生的事情，當時我的補習班還沒什麼名氣，無法吸引太多優秀的學生，認真修改作業反而會被家長抱怨：「我家孩子看到自己被改成那樣，心情非常沮喪，你說該怎麼辦才好！」當時的我很喜歡和民集團渡邊美樹會長的書《為夢想填入日期》，覺得應該「以客為尊」，不惜下跪也要取悅顧客。於是我將修改標準較嚴格的員工踢出班表，盡量排予人開朗積極印象的員工給顧客。

客訴問題雖然改善了，可一個月後，當我修改那位學生的小論文時，非常訝異他的小論文寫作完全沒有進步。我心想這下糟了，不再一味相信《為夢想填入日期》的內容。我重新找回之前那位高中時因為心理問題不去學校、小論文卻非常拿手的員工。之後，為了不讓資質太差的學生加入，我改變做法，所有客人必須讀完多達三萬字的廣告才能接受諮詢，教材與影片的內容也比其他補習班的還要艱深許多。

沒錯！我認為最需要改變的不是員工，而是客層。實施新方針之後，考上志願學校的學生不斷增加，當中也有像從前的我一樣，即使是憂鬱症也能考上名校的人。至今我仍認為當時的果斷決定，正是讓我的補習班能夠在業界存活下來的關鍵。

憂鬱症員工只在有精神時工作就好

於是，我開始以這種形式網羅因為憂鬱而不想外出、卻非常擅長寫小論文的人才。實際上，讀過我們補習班出版的考取經驗談就會知道，最多客人的反應是「講師非常優秀」。我也這麼認為。坦白說，我對此相當引以為傲。相同價位的個別指導補習班中，找不到像我的補習班這般優秀的講師群。因為我雇用的都是不太出門、卻極為優秀的人才。

為了讓這些員工能夠開心工作，我必須在這方面多花心思。我不指望員工每天都很有精神，因為憂鬱症或有類似心理疾患的人很難天天都有精神，但我希望員工至少在指導學生時是處於有精神的狀態。

因此，我允許員工以身體不舒服等理由臨時取消排班。員工們因為都很清楚彼此的苦衷，即使有人臨時取消排班，我們補習班也能在一分鐘以內找到代課的人。因此，我才得以實現「即使是憂鬱症也能輕鬆工作」的職場環境。

憂鬱症患者除了病症發作導致心情沮喪的時候，其他時間還是很有精神的。因此，即使他們會有狀況不好的時期，希望社會大眾也別一竿子打翻一船人，將他們視為無用之輩。我完全不會強求員工在心情沮喪時還要勉強打起精神工作，但我們補習班的講師至少在工作時都很有精神，所以能提供顧客良好的服務，以此贏過其他對手。若不是我採取這樣的雇用方式，根本就贏不了競爭對手。

能讓憂鬱症的人在狀況好的時候聚集在一起的公司，將成為二十一世紀最強的企業，我真心這麼認為。

打造適合憂鬱症員工的職場環境

話說，我至今也曾開設過幾次實體教室。去年（編註：本書完成時間為二〇二一年，此處的「去年」意指新冠肺炎疫情爆發的二〇二〇年）也花了近兩個月的時間，砸下近百萬圓在新宿車站附近開設臨時教室，結果卻是慘澹收場。

讀過我們補習班的考取經驗談，你會驚訝地發現，考上早慶上智這些名校的學生當中，有很多人因為精神不穩定無法去其他補習班上課。其實除了憂鬱症，高敏感族[33]（Highly Sensitive Person，簡稱HSP）也不太有辦法上學或外出，其實這些人只要能待在家中自學，其成績的進步幅度往往比一般人還優秀。

當時我租了教室找來幾位優秀的學生。上課時間快到了，卻沒有半個人前來。當時我心裡相當納悶，誰知去上廁所時，赫然發現學生竟在隔壁廁所不停地嘔吐。「真是傷腦筋啊……」當我前去察看他的情況時，又有另一個學生也來廁所嘔吐。這樣下去根本不是「每日學習會」，而是「嘔吐學習會」啊！當下我恍然大悟，一直以來在背後支持我的，原來都是這樣的客人。之前因為透過網路進行線上指導所以不清楚，其實我的顧客中不少人都有心理方面的疾病。

如果是線上教學的話，我那些優秀的員工會在上課三十分鐘前就提前做好準備，可一旦改成在實體教室上課，員工的平均遲到時間竟高達兩個小時。我判斷這樣下去實體教室實在無法經營，於是就收手。沒想到隔月新冠肺炎疫情就爆發了。如今我真的非常感謝員工和學生們，他們簡直就是這個社會的先知！

33 美國精神分析學者伊蓮・艾融博士（Dr. Elaine Aron）於一九九六年提出的詞彙，據她所言，高敏感族容易因為外在環境的刺激出現不適感，而且不舒服的感覺都會被放大。

創造「憂鬱症也能快樂活下去的社會」

憂鬱症的人大多生性認真且工作能力高。即使因為身體狀況不佳，能力暫時變差，可那就像淋到雨的麵包超人[34]一樣，只是一時的狀態不好。各位基本上都是個性認真能力高的人，請對自己更有信心一點。而且，憂鬱症的人往往可以洞悉未來。現今社會仍殘存著很多不合時宜的老規矩或習慣，憂鬱症的人早早就發現這件事。

請看如今疫情下的世界。我自高一得了憂鬱症以來，這十五年間過得苦不堪言，如今卻安然無恙，而且存款還翻倍。二〇二〇年讓我覺得憂鬱症其實並非毫無可取之處。得了憂鬱症讓我討厭外出與人見面，所有工作都是在家完成，網站、影片和書籍全都能照著自己的意思去做。之前的一番努力，在這個時間點全都開花結果了。

但另一方面，我也很清楚許多憂鬱症的人在疫情中過得很慘，我有位得了憂鬱症的大學學弟就因此被取消企業的內定錄取。正如各位所知，演藝圈內也有不少藝人自殺。在這樣不景氣的局勢下，最吃虧的果然還是弱勢族群，而憂鬱症患者可說是其中最吃虧的一群人吧。

新冠肺炎疫情就好比一場戰爭，現在你我所面臨的困境，正如二戰結束後的全球局勢。第二次世界大戰結束後，發生了哪些事呢？曾是殖民地的韓國和中國變得強勢，韓國人和中國人活躍於黑市，韓裔和華裔的創業者至今仍活躍於日本的實業界。

我想，後疫情時代應該也會發生相同的情況吧。

我的事業是由憂鬱症患者經營，雇用憂鬱症患者為員工，以最適合憂鬱症患者使用的形式來營運。

在新冠肺炎疫情的衝擊下，這個形式恰巧成為如今最適合疫情的事業，雖說

34 麵包超人不能淋雨，頭一旦碰到水或弄髒、缺一角就會沒力氣打壞人，只能束手就擒。

顧客持續增加，對憂鬱症患者來說其實不算是好事，因為每天變得比以前更加忙碌了。從時代的變化來看，**在後疫情時代，憂鬱創業反而是最符合時代精神的創業。**

憂鬱症的人有時更適合工作

在日本社會，十小時裡只要有一個小時表現得不好，就會被認為是無能的人，評價明顯下降。日本的商品市場也是如此，就像房子只要有人住過，房價就會掉個數百萬圓，中古車也是。就連蔬果行裡賣的蔬菜，也只有賣相佳的才容易賣得出去。日本人總是像這樣過度地要求完美。

然而，在這個極度缺乏人才的時代，只因憂鬱症就被貼上「無能」的標籤，不被任何職場接受，這樣的風潮對嗎？豈不是非常浪費人才？

親身接觸過許多憂鬱症的學生與員工，我有了這樣的體會：能考上名校的憂鬱症學生，比那些考不上名校的健康學生更認真優秀。況且，比起整天嚷嚷著要創業卻什麼準備都不做的「空殼子」大學生，雖然是憂鬱症卻擁有上市之類豐富歷練的新創企業戰士，或是在大企業表現出色的憂鬱症員工，都遠比前者優秀許多。這些優秀的憂鬱症人才，工作表現甚至比身心健康卻能力平庸的人好上十至百倍。如此想來，實在不該輕易捨棄憂鬱症的人才。

而且，憂鬱症的人創業後，比起其他大企業的管理階層或一般中小企業的經營者，更懂得如何管理憂鬱症的人。當然，每個人的病情狀況都不盡相同，可比起沒得過憂鬱症的管理階層，至少這群人更懂憂鬱症的員工。

本章探討了憂鬱創業的員工雇用方法。有些事只有憂鬱症的人才懂、才做得到，所以憂鬱症絕對不是缺點。除了雇用憂鬱症的優秀員工，我們還可以進一步活用憂鬱症人才特有的觀點來發展事業，為這個社會帶來更好的影響。

本章總整理

- 雇用員工時，請選擇有憂鬱症的優秀人才。
- 雇用擁有創業夢以外明確目標的員工。
- 預先做好業務的安排，讓員工即使狀況不佳也不會因此臨時開天窗。
- 後疫情時代非常適合憂鬱症的人創業。
- 憂鬱症的人狀態好的時候，工作表現甚至比身心健全的人好上十倍、百倍。

第9章

向超級富豪學習生存術

從「繳稅大戶排行榜」分析超級富豪的性格

前面的章節從各個方面為大家介紹憂鬱創業的注意事項。

不過，即使閱讀至此，也許還是有人心存疑問，心想「憂鬱症的人真的可以創業嗎？」因此，本章將以罹患憂鬱症等心理疾患的成功創業者為例，帶大家一起思考如何在患有心理疾病的狀態下，依舊能讓事業成功步上軌道。

首先，我調查了實施至二〇〇四年為止的「繳稅大戶排行榜」，看上榜的超級富豪都是怎樣的性格，意外發現朋友的父親也名列榜內，於是我直接向朋友請教他父親是怎樣的人。

結果，朋友父親的個性與我們想像中的超級富豪迥然不同。

- 比起和人聊天，更喜歡獨自看書。
- 喜歡寫作，平均每週會寫一次書稿。

・取書名時會借助名人效應，例如《○○○的名言金句》，藉此吸引讀者的關注。

・非常注重教育，孩子裡總會有幾個考上東大。

・與其說是親切溫和的中庸性格，更傾向情緒起伏較大的強烈性格。

・生性內向，喜歡待在輕井澤或那須等度假勝地的別墅裡。

這些特點都是在現代電子商務中勝出的必要條件，憂鬱症的我們可以從這位創業家身上學到很多。通常一提到超級富豪，人們的第一印象大多是以下這些：

・喜歡跟人聊天。

・比起學習，更喜歡「從做中學」。

・靠自己一人之力擴大事業規模。

・讓孩子盡情玩樂。

・對員工和家人相當親切溫和。

這是多數人對超級富豪的刻板印象，但這世上其實有各式各樣的超級富豪。

超級有錢人都具備「堅信不疑」的能力

聽完朋友的敘述，我感到相當意外。人生跟超級富豪幾乎無緣的我，聽到「超級富豪」只能想到田中角榮[35]那般，既設想周到又擅長社交，擁有笑看一切的氣度，做起事來所向披靡、到處吃得開的豪爽人物。

不過，俗語說「一樣米養百樣人」，同是超級富豪卻性格迥異，根本不足為奇。既然有性格開朗的大富豪，就一定也有個性陰沉的大富豪。憂鬱症的人硬要勉強自己成為田中角榮那般開朗的有錢人，註定一定會失敗。如此一來，向個性陰沉的有錢人學習成功的方法才是上策。

首先，朋友的父親非常了不起的地方在於，他一直在寫書。聽到這件事，我心想「這招非學起來不可」，我個人經營的「寒酸出版事業」目前也出了二十多本有關小論文和AO（招生辦公室）入學考試的參考書。

而且，他取的書名也很棒。創業家起初都是無名小卒，所以更要徹底借用他人的名氣。我自己的補習班也是，例如開設「慶應義塾大學入學對策」、「早稻田大學入學對策」、「上智大學入學對策」等課程，借助這些知名大學的名頭來推廣事業。基本上，就連在構思搜尋引擎最佳化對策（SEO）、YouTube對策，以及Amazon對策之際，徹底活用名人或知名企業名氣的做法會更有效果。

此外，不僅是我朋友的父親，**大多數超級富豪都具備了一個共通點，那就是「堅信不疑的能力」**。所謂的「創業」，其本質就是挑戰不知是否能賺錢的事情。因此，對自己接下來要做的事抱持堅定的信心相當重要。擁有堅定不疑的信念，也是我們應該向超級富豪學習的成功要素之一。

35 日本歷史上首位沒受過大學教育的首相，因此被日本民眾稱為「庶民宰相」。

活用「寄生蟲戰術」跟「存款戰術」來賺錢

我朋友的父親在日本各地擁有許多不動產，對個性內向的創業家來說，這是非常重要的保障。像田中角榮那般隨時充滿活力的人自然無妨，但如果是某天有可能突然失去活力、變得沒精神的人，無論是不動產、書籍、影片或網站，勤於累積這些「廣義」的存款也很重要。

從戰術上來說，先用借助名人聲望的「寄生蟲戰術」賺錢，再將賺到的錢作為資本，持續累積諸如不動產、書籍、影片或網站等廣義的存款，這樣的戰術是當今時代也適用的經營黃金法則。

美國的大富豪全都「超正面」嗎？

也許有讀者會覺得這樣的說明仍不足為信，前面提及的內向性格的超級富豪應該只是特例。因此，我想跟各位介紹《拒絕混蛋守則》（*The No Asshole Rule*，繁體中文版由大塊文化出版）這本書。書中揭露了一個驚人的事實：**美國最具代表性的創業家，在精神方面都有極大的問題，世人一般認為的超級富豪形象其實只是表象**。

一提到美國的超級富豪，我們通常會聯想到的是像前美國總統川普（Donald Trump）或《富爸爸》系列的作者羅勃特．T．清崎（Robert. T. Kiyosaki）那樣，一身在高級度假區曬的古銅色皮膚、個性開朗不拘小節的男性。但是，《拒絕混蛋守則》中提及的超級富豪，其個性跟這兩人給我們的印象完全不同，**他們非常在意枝微末節的小事，對事業成功的執著簡直堪比偏執狂**，這才是我們可以從這本書中看到的典型美國超級富豪。

包含我在內，多數憂鬱症的人都無法成為像前美國總統川普或羅勃特．T．清崎那樣的人，應該也不想成為他們那樣的人。但《拒絕混蛋守則》也提醒我們，為了讓事業成功，像偏執狂那般一意孤行，不斷折騰身邊的人，結果就是落得孤身一人的下場。我自己也曾有過那樣的經驗，我想許多憂鬱症患者應該都能從書中的事例，發現自己也有類似的經驗。

如此想來，你我都有潛力像繳稅大戶排行榜中的有錢人，或美國的超級富豪那般，在社會上獲得極大的成就。活下去固然是我們的首要之務，可身為生意人，老實說我也不想放棄成為超級富豪的夢想。知道這世上也有像我們這樣的超級富豪，真的非常激勵人心啊！

唯有「偏執狂」才能生存

其實，除了《拒絕混蛋守則》這本書，還有許多研究指出大多數的超級富豪都是偏執狂。經典商管書《基業長青：高瞻遠矚企業的永續之道》（*Built to Last: Successful Habits of Visionary Companies*，繁體中文版由遠流出版）一書就分析了許多偉大企業，讓我們知道那些了不起的經營者大多具備了偏執狂般的性格。

「偏執狂」指的是滿腦子只想著如何讓事業成功，以異常的執念來發展事業的人。我覺得自己有這樣的特質，你應該也有。也就是說，其實我們都已經一腳踏上成為超級富豪的路。請各位抱著這樣的期許與信念，堅信自己做的事一定會成功吧！

儘管我個人的經驗不多，但我認為偏執的性格是讓你實現腦中想法的必要條件。因為，即使讀了本書，有了創業的念頭，可世事豈能盡如人意。**身處不順遂之事居多的境況，想讓事業步上軌道，就必須執著於這件事，無時無刻思考怎樣才能讓事業成功。**

能做到這一點的，未必是人格高尚的人，而是那些做事認真到令旁人退避三舍的人。話說回來，個性好、待人溫和，身邊全是理解你的支持者，這樣的人不管是否有憂鬱症，根本就沒有必要創業。正因為自己不是那般討喜的性格，問題才會變得比一般人還複雜。為了不被上司或下屬、家人或朋友碎念，想讓這些人統統閉上嘴，才會挺身創業，敢於挑戰這個少數人會選擇的選項。正因如此，你才需要無時無刻思考如何才能讓事業成功。

小氣創業是鍛鍊心靈的好方法

我也是在創業後過了好一段時間，被高中時的友人一說才發現，高中時期的自己，性格真的很有問題。因為手邊留有當時拍的影片，我偶爾也會拿出來看，那時的我還真是個自我意識過剩、看了就惹人厭的高中生。如今的我雖然還是有些性格上的問題，多虧之前吃了不少苦頭，個性多少變得圓融一些。不過這或許只是我自己單方面的誤解，說不定現在的我在他人眼中，性格依舊很有問題。

無論如何，我很慶幸自己是在身無分文的情況下創業。因為沒錢，才會絞盡腦汁思考如何不花錢解決問題，也因此才能存活到今天。我真心覺得非常慶幸。

沒錢自然會花心思去想不花錢的方法。沒錢打廣告，就會拚命去思考「要寫怎樣的文章才能擠進搜尋引擎排行榜的前幾名？」、「客人在閱讀我的文章時有何感想？」、「人們究竟是抱持著怎樣的想法活著？」腦中無時無刻都在想這些事情。

想雇用優秀的人才卻沒有太多資金，就會動腦去想「哪裡才能找到不出門的優秀人才？」像是拜託各方前輩幫忙介紹，或是與對方見面懇談。在創業初期，我的員工就是這樣找來的。而且，因為是好不容易才找到的員工，每當員工感冒，我都會送水果表達慰問之意，極盡體貼關懷對方。

總而言之，正因為沒錢，所以身段要放得比別人更軟，這就是我在創業過程中養成的習性。

訓練讀懂客人想法的「讀心術」

因為有機會接觸各式各樣的客人，我變得像青森縣的靈媒「ITAKO[36]」一樣，能夠依據他們各自的成績、居住地區、經濟狀況等，推測每個學生心裡在想什麼。這樣的「讀心術」是成為超級富豪不可或缺的關鍵能力。事實上，前面提到的那位超級富豪也是靠這樣的「讀心術」致富。

實際使用「讀心術」就會知道，這的確是成為超級富豪的必備能力。只要可以精準推測出客人在想什麼、員工在想什麼，連困難的經營工作也能變得輕而易舉。順帶一提，我朋友也學會了「讀心術」，至於我目前功力還不夠，實在無法在各位面前露一手。缺乏這方面才華的我，只能每天揣摩員工或客人心裡可能會有的想法，努力發展自己的事業。

總之，在疫情時代想要成功經營事業，「讀心術」是不可或缺的能力。以往的家長只要聽到有益於孩子的教育，大多會不假思索就支付昂貴的補習費給補習班，可是在今後的時代，沒有足夠的明確理由就掏錢讓孩子補習的家長，應該會大幅減少吧。想在經濟狀況嚴峻的大環境下抓住客人與員工的心，就必須精準地掌握他們的想法，猶如用了「讀心術」那般。這是現在的我每天最深切的感想。

大多數憂鬱症的人生性認真，並擁有極高的共感能力。正因如此，即使覺得「心累」，只要想辦法邁出一步，主動與各種人接觸，理解對方的心情，應該就能生意興隆。

當你擁有「讀心術」般精準掌握人心的能力，往後就算是躺在家裡睡覺，也能創業活下去。

36 日本東北地區青森縣、秋田縣等地對女性通靈人士的稱呼。她們能夠召喚死者，讓死者附身在身上。平時也會占卜農作物的收成狀況，或預測他人的運氣及健康。

本章總整理

- 超級富豪與憂鬱症患者，兩者的性格有共通之處。
- 即使個性陰沉，只要擁有「深信不疑」的能力，也能成為超級富豪。
- 認真到令旁人忍不住退避三舍的程度，其實剛剛好。
- 讓自己學會透徹掌握人心，猶如用了「讀心術」般精準。

第10章

包容「多樣性」的社會，才是景氣復甦的關鍵

憂鬱症的人如何在這個社會活下去？

前幾章介紹了憂鬱創業的方法，以及就算有心理疾病也能事業成功的超級富豪，提供讓憂鬱症的你也能下定決心創業的參考資訊。本章是這本書的最後一章，我想和各位聊聊憂鬱症的人在現今的日本社會處於怎樣的立場，以及該如何改變才能實現更美好的社會。

憂鬱症的人就該死嗎？

首先，讓我們看看新冠肺炎疫情下日本的現況。綜觀如今的日本社會，似乎成了**過度要求個人生產力的時代**。

例如，某國會議員就曾批評同性戀族群「沒有生產力」、在身心障礙機構濫殺無辜的被告也說出「殘障人士沒有生產力」這種話，就連政府的政策也在強調

「提高生產力」。在這樣的社會背景下，有力的政治家提出應該積極推動「安樂死」的議題。

然而，**身為一個憂鬱症患者，我明確反對在日本這樣同儕壓力極大的社會導入「安樂死」的議題**。會謾罵他人「給我去死吧！」的社會，倘若認同安樂死，肯定會出現「你給我識相一點，自己去安樂死吧！」這類罵人的話。因此我認為目前的日本社會，還不適合推動「安樂死」的議題。

「憂鬱症就去死吧！」這樣的社會，景氣無法復甦

現今日本社會最大的問題在於，「勞動力人口」明顯不足。粗估一下，日本的人口約一．二億人，其中勞動力人口約六千萬人，非勞動力人口也同樣是六千萬人。

在新冠肺炎疫情下，勞動力人口不斷減少。根據二〇二一年一月日本總務省

（編按：相當於台灣內政部）的「勞動力調查」，與去年同月相比，勞工減少五十萬人。這樣的現況持續下去的話，總有一天，日本將成為非勞動力人口高於勞動力人口的社會。

面對這樣的社會情勢，首要之務就是增加「工作人口」。但現今的日本卻缺乏「工作的舞臺」。日本原本就是創業意願明顯低落的國家，有能力開創回應後疫情時代需求新產業的年輕人，更是少得令人絕望。優秀的年輕人多半只想進入大企業或政府機關，謀求終生穩定的鐵飯碗，而僅剩的少數優秀年輕人即使有意創業，也只想做和旁人相同的生意，像是經營酒吧或居酒屋。太多年輕人投入這樣的生意，結果他們的店都在疫情的影響下迅速倒閉。再這樣下去的話，我有預感今後的日本一定會陷入極為嚴重的經濟不景氣。

現今的日本需要的是，在後疫情時代讓客人願意掏出更多錢的生意。我確信自己所經營的線上家教正是那樣的事業。我的補習班每天只進行十分鐘的線上指導。說到「學習」，比起教授學生應該學習的內容，更重要的是確認他們是否有在學習。基於這樣的想法，關於學習的內容，我會請學生先觀看長達一至兩個小時的教學影片，每天再花十分鐘修改他們的作業，全年無休，以這樣的模式來經營事業。

我的事業目前雖然還稱不上「大獲成功」，至少已經步上軌道。當然，今後我也會努力讓事業繼續擴大。我相信**唯有這類「有些特殊的生意」在今後越來越多，後疫情時代下的日本景氣才有可能復甦**。基於這番考量，我才在書中毫不保留地公開自己經營事業的訣竅，並不是我太輕敵喔。

對今後的日本而言，**疫情過後想要恢復景氣，就必須敞開心胸接受與自己不同的想法。「憂鬱症就該死！」、「因為你○○，所以給我去死！」這類誹謗中傷充斥的社會，絕對無法出現能在疫情過後開拓新局面的新產業**。今後的時代，人們必須以跟過去截然不同的心態，來建構全新的事業形態。

能工作的時候就工作吧！

很多人都說無法預測今後的日本會發生什麼事，但我不這麼認為。只要仔細觀察，今後的日本會如何發展其實相當清楚。

首先，公共年金制度[37]一定會破產。日本的年金採課稅制，我們這一代現在繳出去的年金，會成為父母那一代拿到的年金。但老實說，不工作還想拿錢，其實是頗不實際的想法。倒不如看開一點，認清自己將來拿不到年金的現實，把繳年金保險費當作是在繳稅，自己另外存一筆養老基金。

我想，今後的日本恐怕會越來越衰退吧。我也希望這是因為自己有憂鬱症才如此悲觀，可惜這不是出於憂鬱症的負面發言，似乎真的會成為現實。

身處逐漸向下沉淪的日本，我們能做的就只有工作而已。反正可能拿不到年金，身心障礙年金與最低生活保障制度[38]也靠不住，無論是高齡者或憂鬱症患者，能工作的時候就工作吧。然後，趁自己還能工作時好好累積「現金存款」、「YouTube存款」、「Google存款」和「Amazon存款」，萬一有一天真的沒辦法工作，還可以在日本靠最低限度的生活費度日，或是搬到物價低廉的南方國家，自由自在地過日子。

我並不是要你天天拚命工作，而是在身體狀況好的時候努力工作，狀況差的時候躺著休息，保持兩者之間的平衡。這是憂鬱創業非常重要的前提。

我想藉由這本書讓各位知道，這世上還有這樣的工作方式。光是知道「在這世上原來還有其他工作方式」，有時甚至能拯救一顆瀕臨崩潰極限的心。

37 日本的公共年金分為「國民年金」與「厚生年金」兩種，前者規定滿二十歲以上的國民都必須加入，保費採定額制。若工作單位有加入「厚生年金」，則從「國民年金」轉入「厚生年金」，每月保費為勞工薪資的九・一五%，雇主亦提撥同額的保費。此外，國民年金的被保險人若被加入「厚生年金」的配偶扶養（年收一百三十萬圓以下），免繳國民年金保費。

38 又稱生活保護，是日本政府對窮人與弱勢族群給予金錢補助的社會福利。

透過本書，我最想傳達給各位的，就是「多樣性」（diversity）的觀點。這世上有各式各樣的人，還有各式各樣的生活方式。**人生並非只如多數人所描繪的理想未來那樣，進入大企業或政府機關工作，在那裡安穩地待到六十歲退休，這不是人生的唯一選項。**我希望各位知道人生還有許多其他選項。而且，只有你才能選擇自己要過怎樣的人生。就像我選擇了憂鬱創業，你也要選擇自己想過的人生，僅此而已。

所以，即使你現在無法每天早上出門上班，無法如自己所願完成工作也無須擔心。請放心！你一定能找到適合自己的生活方式。期望本書能成為你活出自己想要的人生時的參考。

真的無法工作的話，就待在家裡好好休息

還有一件事，希望各位讀了本書之後，別像我之前讀完「勵志書」那般感到

焦慮萬分。這實在不是我的本意。**現階段無論如何都無法工作的人，請待在家裡好好休息。**這是讓你恢復精神的最快捷徑。根據我自身的經驗，沒有比這更快的方法。

你是有價值的人！即使現在的你覺得自己沒有價值，將來的你也一定能創造某些價值。創造價值其實沒有你想得那麼困難。如果有人吃了你盛裝的咖哩，覺得相當好吃而心存感謝，那你就已經創造了足夠的價值。光是做這麼一點事就能鼓舞某個人，讓對方萌生「明天也要好好努力工作」的念頭，難道不是很棒嗎？

所以，**即使今天的你感受不到自己活著的價值，不知道自己繼續活著有何意義，想從這個世上消失，還是請你先撐過今天這一天。因為你是有價值的人。**努力撐過今天吧，就算只是躺著休息也好。光是這樣，就已經很厲害了，因為你完成了自己今天最該做的事。

看開一點，這世上沒有完美的人

人們本來就不完美。

寫到這部分時，正好是凌晨五點二十四分。也許是這三天來一直在寫書沒有好好睡覺，我在絞盡力氣寫稿子的同時，忍不住心想「要是看這本書的人能寫封信給我，那我該會有多開心啊」。

原本打算附上Line的行動條碼（QR Code），但友人「了不起的店長」勸我別這麼做，所以就不放了。我會靜心等待大家的來信，各位可以寄到出版社給我。我也有在使用推特，若你願意追蹤我，我會非常開心。因為憂鬱症的關係，回信對我而言是相當勞神費心的事，假如我收到一百封信，可能其中九十九封都是讀了卻無法回，剩下的一封也許會視心情來回信。推特也是如此。如果這樣也無妨的話，請大家寫信給我或回覆我的推文。

瞧我，前面說得自己有多了不起，其實我也不是多完美的人。

我為人人，更為自己

我非常喜歡**「我為人人，更為自己」**這句話，希望自己可以成為如實體現這句話的人。

只做到世人推崇的「我為人人」，無法讓你的事業永續經營。唯有為了自己打拚事業，才能真的讓事業長久。將員工也一併列入考量，為了自己重要的人而打拚，你的力量將變得更加強大。「我為人人，更為自己」就是我的信念。

今後的我仍會以憂鬱症患者的身分繼續努力工作，好好過日子。

本章總整理

- 排擠憂鬱症患者的社會，將不斷退步沉淪。
- 趁精神好的時候，盡量工作吧！
- 身體狀況差的時候，就躺著好好休息。
- 千萬別忘記「你是有價值的人」。

特別對談

「憂鬱創業」也是人生的選項

By

和田秀樹 × 林直人

新冠肺炎疫情造成的不景氣，
導致罹患憂鬱症等心理疾患的人不斷增加。
本書作者林直人將「創業」視為
在「心累」的現今時代存活的方法之一，
特邀精神科名醫、同時也是教育與升學考試領域的權威
和田秀樹老師一起對談。

——新冠肺炎疫情下浮出檯面的「工作壓力」

和田　我覺得「即使憂鬱，也能創業活下去」是很棒的概念。

林　真的嗎？謝謝您。

和田　話說，新冠病毒的肆虐，讓我看清日本人對哪些事情感到壓力。其實，之前我曾預估二〇二〇年的自殺人數可能會回到高峰期的三萬人左右。

林　景氣變差的話，感覺就是會增加呢。

和田　首先是景氣的問題。不過，其他風險也增加了。大腦裡有一種名叫「血清素」的神經傳導物質，如果沒有分泌這個，人就會變得憂鬱。我想憂鬱症的人應該很常聽到醫生這麼說吧。（笑）

林　對啊，我就聽過好幾次。（笑）

和田　人體沒有接觸到陽光就不會分泌血清素，自肅生活（自律減少外出）或居家防疫都有導致憂鬱症的風險。此外，對日本人來說，下班後跟同事或主管去喝一杯放鬆聊天的「酒局文化」能有效預防憂鬱症。這類與人對話的活動有助消除壓力。因為心理諮商在日本並不普遍，與人一起喝酒暢聊可以預防憂鬱症。

林 嗯。

和田 考量到這些點，當前的大環境條件比之前自殺人數超過三萬人的時期還要糟糕。待在家裡自肅，無法外出與人對話消除鬱悶。而且，飲食不規律再加上接觸不到陽光，都會導致血清素的分泌減少。還有失業或找工作碰壁等問題，經濟狀況也變得更加嚴峻呢。

林 我自己是沒找過工作，但我有雇用大學工讀生。聽他們說現在找工作真的很不容易。他們的父母最常對我說的就是「拜託老師幫我家孩子物色個好工作吧。」（笑） 但這種事跟我說也沒用啊……。

和田 是啊，找不到工作，就連自己開店也會倒閉，大環境實在太糟了。所以，我保守估計（自殺人數）會回到高峰時期的三萬人左右。二〇一九年是歷年來最少的兩萬一百六十九人，我之前預測自殺者的人數應該會增加九千至一萬人左右，超過因為新冠肺炎而死的人數。豈料，增加的人數竟然不到一千人（二〇二〇年的自殺人數是兩萬一千零八十一人，比前年增加九百一十二人）。

林　是喔，為什麼會這樣呢？

和田　我左思右想了許久，覺得最大原因應該是**「有不少人從人際關係的壓力解脫了」**。

林　啊，說得也是。

和田　也就是說，自殺的最大原因其實是人際關係所引發的壓力。**比起公司倒閉之類經濟方面的壓力，不必去公司上班反而減少人們的壓力，所以自殺率降低了**。

林　嗯，有道理呢。

和田　我想也許是這樣吧。這麼說可能有點誇張，但我原本預估會增加的一萬人中，有九千人因為不必去公司上班而得救，所以只增加不到一千人。也就是說，**比起待在家裡所產生的壓力，每天早上出門上班，在公司感受到的壓力反而更大**。我是這麼想的啦。

林　看來在公司裡上班的壓力遠比想像中來得大呢。

和田　是啊。因為居家防疫的關係，我頭一次發現這件事。反過來說，姑且不論新冠肺炎疫情的影響，憂鬱症患者當中，有些人一旦脫離公司這樣的組織，反而更能樂在工作呢。所以我才覺得「即使憂鬱，也能創業活下去」這樣的概念非常棒。

林 謝謝老師。

——提醒自己還有許多「人生選項」

和田 剛才提到即使在新冠肺炎疫情的肆虐下，自殺人數的增加卻沒有預料中的多，但那只代表因為居家防疫而壓力減少的人，比我原先預想的還多而已。但我認為憂鬱症、抑鬱狀態的人仍舊持續在增加。話說回來，之前討論疫情下是否該實行自肅生活時，進行決議的成員當中，不知有多少人抱持著「自肅生活持續下去的話，會有很多人精神方面出問題」的想法呢？

林 就是說啊。

和田 身體狀況不好，心理狀況也會隨之變差，心理狀況不好，身體狀況也會跟著變差。可是，日本的精神醫學界長久以來似乎忘了「身心一體」這個源自內科的概念，將憂鬱症當作與大腦相關、生物學領域的精神科疾病來治療。在我看來，那只是不著邊際的科學萬能主義，完全忽略了「內心」的重要性。

林 嗯，您說得沒錯。

和田 那些人總說，因為缺乏血清素之類的腦內神經傳導物質，只要補充就能治好。憂鬱症的人吃了藥，症狀的確會暫時減輕，可那只是治標不治本，幾乎得半永久一直服藥才行。這麼一來，只是把大腦當成硬體來治療。如果不採取認知行為治療或改變患者對事物看法的療法，針對軟體（即內心）進行治療，就無法達到真正的根治。

林 憂鬱症的治療實在是不簡單呢。

和田 所以啊，認為只要調整硬體（大腦）就能夠治療軟體（內心）這種一面倒的治療模式很不合理吧。就像電腦程式出錯，與其說問題出在硬體，造成問題的主因多半是軟體不是嗎？

林 就是說啊。

和田 我是支持「憂鬱症是軟體的故障」那一派。「憂鬱症的人請補充血清素」

只是對症下藥的治療方式。就好比感冒會流鼻水、發燒，通常醫生會開抗組織胺和退燒藥給你。這就是抑制流鼻水、退燒的對症治療，並未解決引發感冒的真正原因。不過，鼻水止住、燒退了，身體變輕鬆後自癒力也會提升，感冒自然就好了。

林 原來如此。

和田 所以說，我們可以這樣想，治療憂鬱症的藥，不管是SSRI（Selective Serotonin Reuptake Inhibitor，選擇性血清素再攝取抑制劑）或其他藥物，服用後至少得過個兩週才會生效。為何會有這樣的時間落差？我認為不是因為血清素不足導致憂鬱症，而是憂鬱症導致血清素不足，才會出現不安之類的各種症狀。所以，即使補充血清素後暫時變輕鬆，因為沒有解決真正的根本原因，只能一直持續服藥。

林 喔，原來是這樣啊。

和田 不過，哪種主張才正確，目前還無法得知。日本是一個刻意迴避討論的國家，像這樣與主流觀點唱反調的說法，一說出口的當下就會被否定。不過，從「憂鬱症是軟體的程式錯誤」的角度來看，身處「應該」想法（「應該這麼做才對！」）或「二分法思考」（「非善即惡」、「非對即錯」）根深柢固的日本社會，被迫接受這些有害人心的想法，才會導致軟體（內心）出現程式錯誤。而且，就連媒體的報導也充斥著有害人心的思考呢。

林　原來如此。

和田　我認為，**對憂鬱症的人而言最重要的是，面對問題時，要抱持「答案並非只有一個，而是有好幾種可能性」的想法**。舉例來說，雖然我推廣自己的和田式學習法，但站在精神科醫師的立場，如果和田式學習法對你無效，也可以嘗試其他方法。

林　我在這本書中也向讀者傳達了「人生不是只有一條路，有很多條路可以選擇」的想法，我認為這是一件有意義的事。

和田　即使不是憂鬱症，這個道理也適用於所有人。我經常舉的案例是：畢業於名校開成高中和東大，進入財務省成為候補次長的人，因為沒有順利踏上升官之路而自殺。聽到這件事時，世人都批評：「這是因為那個人從未遭遇過挫折，抗壓力太低了。」但我並不認同。他只是不知道人生還有其他選項，所以才會選擇自殺。比方說，沒考上名校開成高中的話，只要思考讀其他學校該如何進東大即可；就算沒考上東大，只要思考該如何從慶應成為政府官員即可；即使沒當上次長，還可以考慮去當名嘴或大學教授。就像這樣，人生的選項其實還有很多，不是嗎？

林 就是說啊。

和田 所以不管走哪一條路，當路行不通的時候，如果能想到其他替代方案或選項，這樣的人比較不會走上輕生這條絕路。最具代表性的例子就是「霸凌自殺」。日本全國發生了幾十萬起霸凌事件，當中因此自殺的人最多不過幾百人左右。也就是說，並不是遭到霸凌就一定會自殺。那樣的憾事之所以會發生，是因為當事人即使遭遇霸凌，卻仍選擇維持現狀繼續上學，既不考慮轉學，也不找學校的心理諮商師商量，他們不知道自己其實還有其他選項，或是明知有其他選項卻苦於無法選擇，所以才走上絕路。

林 我念高中時也曾不去上學，當時家裡收到很多小冊子，上面寫了「做你自己就好」之類的內容。但做自己根本沒什麼好處啊。（笑）沒有任何武器可以守護自己的高中生，即使不上學也不可能一輩子待在家裡。那個時代一旦離開學校，就很難考上東大慶應這些名校，但現在只要上網查一下就可以找到許多方法。例如，來上我的補習班就是方法之一。而且，我之所以公開自己有憂鬱症，主要就是想告訴大家「即使是憂鬱症，也有辦法養活自己」，人生其實還有很多其他選項。

和田 所以，讓社會大眾知道人生還有替代方案或其他選項，是一件非常重要的事。日本人容易對將來感到焦慮，卻不去思考萬一問題真的發生該採取怎樣的對策。像是害怕得到癌症，所以拚命接受檢查。可一旦真的罹患癌症，很少有人可以果斷地決定自己要到哪家醫院接受治療。霸凌也是如此。希望大眾別再只是嚷嚷著「零霸凌」這種不切實際的話。

林 對，因為霸凌是絕對不可能消除的。

和田 就是說啊。別再說那種不切實際的話，而是要讓社會大眾知道遭遇霸凌時的處理方法。工作也是如此，別再覺得「一旦被公司裁員，人生會就此完蛋」，只要明白「就算被裁員，人生還是有許多其他選項」，結果就會截然不同。因此，希望各位平時能將此事牢記在心。

——就算覺得「我做不到」，也先試看看

林 關於我在書中提出的具體方法和工作方式，您從精神科醫師的立場來看覺得如何呢？

和田 我認為只有憂鬱症當事人才知道的具體建議很棒，尤其是「別過分勉強自己」的觀點。我認為無法認同「工作其實有許多種形式」的人才奇怪呢。「每個人每天都能工作好幾個小時」的想法既天真又過時。**日本這個國家的缺點，就是缺乏「重視心靈」的觀點。**

林 人們似乎認為心靈無論怎麼用都不會磨耗，覺得「只要有幹勁，什麼事都做得到」。

和田 有些人甚至還會說出「就是因為太鬆懈，才會得憂鬱症」這種蠢話，真是大錯特錯！每個人的心理狀態都不盡相同，工作的方式也該因人而異才對。政府一直說要推動「工作方式的改革」，卻只是流於表面的膚淺改革。我不認為光是減少工時或加班，就能解決這方面的問題。

林 沒錯，就是如此。

和田　我經常告訴考生**「狀況好的時候能讀多少是多少，累了就休息」**。對考生來說，最重要的是找到適合自己的讀書方法。過度勉強自己，好不容易考上志願大學，結果卻罹患「燃燒殆盡症候群」，無論做什麼都覺得心累疲倦，這樣根本毫無意義。

林　高中時有位老師告訴我，如果念數學念累了，就改念其他科目來轉換心情，我認為那個方法很適合我。直到現在，寫文章遇到瓶頸時，我就會去編輯YouTube的影片，假如真的很累就去睡個覺或外出旅行轉換心情，像這樣找到屬於自己的工作方式。

和田　嗯。

林　所以，一大早去公司，晚上陪主管喝酒到很晚，覺得這種方式適合自己的人就去做，可做不來卻勉強自己去做的話，心靈就會逐漸失去活力。厚生勞動省呼籲要「零自殺」，自殺這種事沒有自然最好。可是，身體活著心卻死了，不就跟行屍走肉一樣。找到自己想做的事並去做，這才是人生的樂趣所在。希望大家都能順利找到自己的人生樂趣。

和田　**有些事不去試看看，就無法知道是否適合自己**。我在三十七歲那年離開任職的醫院，成為所謂的「斜槓工作者」。不僅教授心理學、拍電影、寫書，也繼續從事醫生的工作。結果竟有人說我是「全方位藝人」，真是太抬舉我了。

林 聽說凱因斯[39]和莎士比亞也是「全方位人才」呢。

和田 沒有啦，我只是無法只做一件事，總要多方嘗試才不會覺得悶。

林 同時做很多事，從各個層面來說，也能減少風險呢。只在公司上班的人，如果遇到不講理的人，礙於對方是上司，也只能閉嘴乖乖服從，沒辦法跟對方講道理。因為生死都掌握在上司的手中，就算對方說烏鴉是白的，你也只能乖乖附和。不過，**要是有其他賺錢的手段，你就有底氣反駁對方：「我不這麼認為。」**如此一來，不講理的公司就會流失人才，等這些不講理、不合理、浪費的習慣逐漸被排除，國家的經濟也會成長。

和田 對上位者唯命是從的社會，絕對會停滯不前。唯有擺脫那樣的權力構造，

39 約翰．凱因斯（John Keynes）英國經濟學家，曾任英格蘭銀行董事，也是數個慈善信託的顧問。他是成功的投資家，文筆也很出色。

才能真正進步，國家或組織皆是如此，個人也是。我們必須時常自省，自己是不是真正地自由。日本這個國家怪就怪在，明明不是獨裁國家，人人嘴上說著自由，思考的自由度卻非常低。

林 我也有同感。

和田 就像你說的，要對抗這種環境的唯一方法，就是擁有不必屈服於環境的謀生手段。

林 憂鬱症的人、發展障礙的人、受到性別歧視的人或外來移民也是如此。受到歧視的人如果不想被歧視，自己所能做到最簡單的方法，就是擁有無須身處該歧視結構也能夠謀生的優勢。

和田 或許有人會說：「憂鬱症或發展障礙的人做不到啦！」但知名創業家、發明家、藝術家或小說家中，很多人其實都有發展障礙或憂鬱症。所以，這並非不可能的事。試著在做法上花點心思，說不定就能做到，千萬別沒嘗試過就說自己做不到。當然，正如你在書中也提醒過的，並不是所有發展障礙或憂鬱症的人都能成功。但我相信，應該有不少人鼓起勇氣嘗試之後，會因此而得救。

林 沒錯。

和田 有時就算花了心思去做還是會失敗。但憂鬱症患者往往把失敗看得太過嚴重，其實有時只是適不適合或個人特質的問題而已。

林 憂鬱症的人容易悲觀看待事物的性格特點，如果可以活用在生意上，就不會把事情想得太過簡單，反而能加分。至於過度認真的性格，若能以謹慎仔細的態度，做好一般人容易敷衍了事的事情，有時更容易獲得成功。

和田 這本書也是，為大家準備了許多選項呢。

林 是啊，希望能有更多人看到。（笑）

和田 最後，我想告訴各位一件非常重要的事，那就是「千萬別一個人承擔太多責任」。

林 您說得沒錯。我在書中也提到，當事業經營到某個程度時，把工作交給別人比較好。若是因為完美主義，一個人攬下全部工作，最後一定會撐不住。即使一開始充滿熱情與能量，通常也無法支持太久。

和田 能派上用場的方法，不管那是什麼都要用。最重要的是，找到適合自己的工作方式，比起待在討厭的公司上班，更能減少你的生活壓力。

林 希望讀了本書之後，能夠有更多人改變自己的想法。今天真的非常謝謝老師。

和田 感謝你的邀請。

對談者簡介

和田秀樹

一九六〇年生於大阪市，一九八五年畢業於東京大學醫學系。現為國際醫療福祉大學赤坂心理及醫療福祉管理學系心理學教授、川崎幸醫院精神科顧問、一橋大學經濟學系兼任講師、和田秀樹身心診所（以抗老化與企業主管諮商為主）院長、和田秀樹心理諮商室所長。著有《考試就靠技巧》、《電視的大罪》等多本著作。

—後記—

好好活下去，你是有價值的人！

非常感謝各位讀到最後，本書針對「何謂憂鬱創業」、「憂鬱創業該怎麼進行」、「如何克服憂鬱創業可能發生的各種問題」等主題撰寫而成。

如果要用一句話來形容，這是一本教你如何「應對變化」的書。

根據我的經驗，大多數情況下，一個人的精神狀態之所以會惡化到憂鬱症的地步，主要原因就在無法應對變化。即使已經被逼到極為嚴重的處境，還是會告訴自己「再撐一下」、「只有一下子的話，就再忍忍吧」，強迫自己忍耐，結果就是罹患憂鬱症，或是讓憂鬱症更加惡化。

我想告訴各位，即使得了憂鬱症，只要撐過最艱難的時期，往後當你或自己重視的人也得了憂鬱症，你就會知道如何應對這樣的變化。

當然，所謂的「變化」不一定是本書提到的小型事業的成功。也許在將來的某一天，你或你重視的人只能整天躺著動彈不得，那也是一種變化。當然你也有可能在「憂鬱創業」之後，獲得了連我也望塵莫及的莫大成功。將來會變得如何，其實我也無法預料。

得了憂鬱症，對事物的看法會變得扭曲偏差。可自己創業之後，在與現實世界對峙的過程中，我變得比之前更懂得人情事故，也修正了自己對事物扭曲的看法。透過創業，我學到了人性與世道的真理。

因此，在狀況稍好的時候，往前跨出一步實際採取行動，這一點相當重要。趁有精神時鼓起勇氣採取行動，就是「應對變化」。反之，在身體狀況不佳時充分休息，也是一種「應對變化」。努力行動與好好休息，兩者同等重要。

希望你能好好活下去。因為我知道你想輕生的念頭是生病所致，並非出於你的本意。等你之後清醒過來，應該會納悶「當時為什麼那麼想死」，如今的我就是如此。

所以，不管採取何種形式，都請你試著「應對變化」。無論是躺著休息或下定決心「憂鬱創業」，都具有同樣的價值。狀況不佳的時候好好休息，狀況好的時候積極展開行動，這一點不僅適用於憂鬱症患者，也是所有創業人士都應該知道的重要真理。

無論哪一種形式，我都衷心期盼你的「應對變化」可以順利圓滿。

林直人

正因為憂鬱，

更不該待在不適合的職場，

日復一日消耗自己，直至身心俱疲、傷痕累累。

身體活著心卻死了，不就活得像行屍走肉。

以自己的方式找到想做的事並去做，

才是人生的樂趣所在。

願各位都能活出真正的人生！